跨越时空

世界经典建筑艺术欣赏

许韶华 著

中国书籍出版社
China Book Press

图书在版编目(CIP)数据

跨越时空：世界经典建筑艺术欣赏 / 许韶华著 . --
北京：中国书籍出版社，2021.7
ISBN 978-7-5068-8609-3

Ⅰ.①跨…　Ⅱ.①许…　Ⅲ.①建筑艺术－鉴赏－世界
Ⅳ.①TU-861

中国版本图书馆 CIP 数据核字（2021）第 159210 号

跨越时空：世界经典建筑艺术欣赏

许韶华　著

责任编辑	张　娟　成晓春
责任印制	孙马飞　马　芝
封面设计	刘红刚
出版发行	中国书籍出版社
地　　址	北京市丰台区三路居路 97 号（邮编：100073）
电　　话	（010）52257143（总编室）　（010）52257140（发行部）
电子邮箱	eo@chinabp.com.cn
经　　销	全国新华书店
印　　厂	三河市德贤弘印务有限公司
开　　本	710 毫米 ×1000 毫米　1/16
字　　数	226 千字
印　　张	15.25
版　　次	2022 年 8 月第 1 版
印　　次	2022 年 8 月第 1 次印刷
书　　号	ISBN 978-7-5068-8609-3
定　　价	86.00 元

前　言

FOREWORD

从创造了璀璨文明的古代到拥有先进科技的现代，从美洲大地到欧亚大陆，每一个时期、每一片土地上都矗立着令人惊叹的建筑。这些经典建筑各不相同，自成体系，它们汇聚着一代又一代人的劳动和智慧，彰显着一个又一个时期的历史和文明。古往今来，时代不断变更，而不变的是这些经典建筑，它们宛若颗颗明珠，在世界各地熠熠生辉。

这些经典建筑不仅仅是人们的安居之所，更是人类的瑰宝、文明的结晶、艺术的最高形式。每走进一所建筑，仿佛置身于曾经的那段时期，感受着曾经的人文历史，倾听着建筑诉说着过往的精彩故事。

你都见过哪些世界经典建筑呢？你了解它们的历史故事吗？本书可以带你穿越时空，走进那些世界经典建筑，了解它们的璀璨，解读它们背后的迷人故事。

本书首先为你推开世界之窗，带你寻觅建筑艺术的踪迹，了解建筑的基本知识；其次带你回溯文明之源，让你充分领略古西亚、古埃及、古代美洲的建筑工艺；接着让你感受异域文化，博观东方各国的古代建筑风采；然后和你一起追寻华夏历史，倾听中国古代建筑的悠扬故事；而后带你迈入西方世界，欣赏欧洲古代建筑的绚丽多姿；最后带你跨越历史，领略近现代以及当代的中西方建筑魅力。

本书在成书过程中获得了多方的帮助，在此表示诚挚的感谢，更欢迎大家提出宝贵意见。

作者

2021年3月

目　录

CONTENTS

第三章 感受异域文化，博观东方各国异彩纷呈的古代建筑

第四章 追寻中华历史，赏尽“天人合一”的中国古代建筑

第一章 开启世界之窗，寻踪建筑艺术

那些经典建筑，凝结着人类的智慧和汗水，承载着历史的记忆。

世界建筑主要包含三大体系，即中国建筑、欧洲建筑和伊斯兰建筑。虽然体系不同，但建筑大师、工匠们在设计和建造建筑物的过程中都需要考虑这样几个因素，即建筑的实用性、建筑技术以及艺术设计。

下面就让我们一起穿越时空的界限，认识不同时代、民族和国家的建筑，感受集实用、经济、美观于一体的建筑艺术之美。

建筑的基本构成要素

建筑由实用功能、建造技术以及内部与外部形象这三大要素构成。三大构成要素具有和谐统一的关系，实用功能为主导，建筑技术为手段，建筑形象则是对实用、技术、艺术的综合表现。

建筑为实用而建

建筑与人的关系紧密，它主要为人类提供生活、工作的场所。从古至今的中外建筑首先都是为了某种使用目的而建造，因此建筑的第一构成要素就是它的实用功能。

建筑物的用处不同，建造方式、设计思路便不相同，这样就会出现形象和功能不同的各类建筑。比如有满足人类生活、居住的住宅建筑，有用于生产的工厂建筑，也有供人祭拜、朝拜的寺庙、教堂等建筑。

比如梵蒂冈的圣彼得大教堂，是世界上最大的教堂，内部可容纳 6 万多人。此教堂始建于 4 世纪，1452 年重建，1626 年建成。意大利拉斐尔、米开朗琪罗等艺术大师都担任过设计总监，米开朗琪罗还为其设计了圆顶。

梵蒂冈圣彼得大教堂

圣彼得大教堂圆顶内部

一座建筑要有实用性，不仅要明确它的用处，而且要保证能够被正常使用，即保证建筑有齐全的基础功能。比如，住宅建筑为满足使用者的基本生活需求，就需要舒适的空间，合理的朝向，良好的保温、隔音、通风和采光效果等。

随着时代和社会的发展，人们开始对建筑提出了一些新的要求，如大型体育场、超高层建筑以及生态建筑等。

建筑文化

什么是生态建筑

意大利建筑师保罗·索勒瑞在20世纪60年代首先提出了“生态建筑学”的概念。

生态建筑一方面注重降低资源、能源消耗，另一方面注重人与自然的和谐共生。其内部一般栽培植物，或者最大限度地实现通风和采光，创造舒适的生活和工作空间，减少废弃物产生和二氧化碳排放。

法兰克福商业银行总部大厦

世界上第一座著名的生态建筑是1994年由建筑师诺曼·福斯特设计建成的法兰克福商业银行总部大厦。这座大厦有非常好的通风条件，办公区也有多个空中花园。由意大利建筑设计师斯坦法诺·博埃里设计，建造在米兰，被称为“垂直森林”的

建筑是世界上第一对绿色公寓。中国的著名绿色建筑有上海苏州河畔的巨型树屋。

米兰“垂直森林”

上海苏州河畔的生态建筑

建筑需要高超的技术

建筑的特点、风格等都受到当下建筑技术的限制，设计图纸的建筑师往往也只能在当下可以实现的技术范围内进行创作，而不能超越建造技术的可能性和合理性。

古埃及人建造金字塔之前，必定已经具备运输巨石的技术，熟知几何、测绘知识，建筑师才能设计出如此雄伟壮丽的建筑。

哥特式建筑之所以能将中世纪建筑艺术推向巅峰，也以当时进步的技术和手工艺为依托。当时的建筑师利用外部的扶墙承受拱顶的重力，将厚

古埃及金字塔

法国圣德尼教堂内部的彩色玻璃　中世纪哥特式建筑

实的承重墙壁替换为光辉耀眼的彩色玻璃墙，建造出轻盈、明亮和宽敞的教堂建筑。

随着科学技术的不断发展，人们不断创造出一些新的材料、新的技术和工艺，为建筑艺术家开拓出新的创作领域、空间，也使得建筑艺术不断呈现新的面貌。

别有洞天

法国巴黎圣母院

巴黎圣母院是一座典型的哥特式建筑，大约始建于1163年。此教堂内外部的各个形象都充满了上升趋势的线条，内部布局、西面工程无不彰显着和谐、均衡，强调比例和韵律的建筑思维在这座教堂中得到完美体现。

巴黎圣母院西立面

巴黎圣母院内部的彩色玻璃窗

建筑有美的艺术形象

建筑师常常受到当下建筑材料和技术的限制，但在形象的设计和创造上有相对较大的空间，能够传达自己的审美认识和思想情感，设计出富有美感的建筑形象。

建筑的艺术形象包括外部形态、色彩、质感和内部空间以及装修效果。富有设计感和美感的建筑形象往往带给人以强烈的感染力和美的享受。比如，中国古代宫殿建筑给人以威严、庄重之感，而苏州园林则雅趣盎然，富有诗意。

故宫太和殿

苏州园林网师园

带你认识世界建筑的三大体系

不同的文化背景造就了不同的建筑体系。其实，古代世界曾经出现了大概七个主要的建筑体系（古埃及建筑、古代西亚建筑、古代印度建筑、古代美洲建筑、中国建筑、欧洲建筑、伊斯兰建筑），但是随着时间的推移，影响范围最广、延续时间最长的建筑体系最后仅剩下三个，那就是中国建筑体系、欧洲建筑体系和伊斯兰建筑体系。

中国建筑体系

中国古代的设计师和工匠们经过不懈的努力建造了大量房屋，积累了丰富的建筑经验，逐步形成了一个完整的体系。这种建筑体系的主要特点是采用木材、砖与石头等材料结合的结构方式，并且与中国的历史是紧密相连的。

中国不同时期的政治、经济及文化发展情况，决定着建筑发展的情况。也就是说，中国建筑发展的每一次高潮都是以国家统一、安定团结、文化交流为前提的。

宫殿和都城规划是最能体现中国传统建筑特色的，它们也是中国古代建筑中成就最高的，更是令每一位中国人都引以为傲的建筑形式。宫殿和都城规划向世人展示了中国古代皇权至上的政治思想，这种思想也几乎被映射到了其他所有建筑类型之中。

中国建筑强调与自然的融合。中国人自古就懂得敬畏大自然，所以在建筑中也会考虑与自然的融合。古代的能工巧匠们用超凡的智慧和毅力将建筑与大自然有机地组合在一起。如今我们仍有幸能从众多古代园林中看到古代中国人在建筑上的精湛技艺。

北京颐和园佛香阁

佛香阁是万寿山上最大的一座楼阁，也是颐和园建筑布局的中心。其实，佛香阁最初的修建属实是一个临时决定。因为在乾隆时期原本是要在此处修建九层延寿塔的，当修到第八层时被迫终止，于是改修成了最初的佛香阁。后到光绪时期，佛香阁在原址上被重新建造，用于供奉佛像。

佛香阁拥有八面、三层、四重檐。令人意想不到的是，佛香阁被修建在万寿山60多米高的陡坡上，是一座高达41米的木结构楼阁。修筑佛香阁的工匠们在阁内立了八根巨大的铁力木擎天柱，其构造极其复杂，不愧为古典建筑的精品。

佛香阁屹立于万寿山之上，南面昆明湖，背靠智慧海，真正做到了建筑与自然的完美融合。

颐和园佛香阁

中国建筑还强调将众多要素进行巧妙的组合，从而获得一种视觉上的美感。在对诸多要素进行组合时，有的突出中轴对称，有的展现一种自由。这些组合无外乎追求的是一种中和、平易、含蓄而深沉的意蕴。归根结底，这些都源于中国人的民族审美习惯。

建筑文化

什么是北京中轴线

北京中轴线就是北京城东西对称布局建筑物的对称轴。这条中轴线犹如北京的脊背，连接着四重城，分别是外城、内城、皇城和紫禁城（故宫）。北京故宫是北京中轴线的中心。北京中轴线上分布的建筑主要有永定门、正阳门、中华门、天安门、端门、午门、太和门、太和殿、中和殿、保和殿、乾清宫、坤宁宫、神武门、万岁山万春亭、寿皇殿、鼓楼、钟楼。

永定门城楼

正阳门城楼

钟楼

与世界其他建筑体系最大的不同是，中国建筑体系是以木结构为主的。木结构的建筑体系有很多优点，如维护结构与支撑结构是彼此分离的，具有很强的抗震能力；可以节省材料、劳动力和施工时间等。木结构的建筑体系使中国建筑拥有了独特的风韵魅力，这也让各个国家的建筑爱好者为我国古代人民的智慧感到惊叹。

欧洲建筑体系

欧洲建筑体系是由古罗马建筑、罗曼建筑、哥特式建筑、文艺复兴建筑和巴洛克建筑共同构成的一种建筑体系。

古罗马建筑中比较大型的建筑宏大、庄重，构图和谐统一，形式多样。一些建筑还特别注重内部空间的艺术处理。此外，建筑师们还创造了柱式与拱券的组合。

罗曼建筑的墙体宏大且厚重，墙面常使用连列小券，门庙的洞口多使用同心多层的小圆券。

哥特式建筑的结构多由石头的骨架券和飞扶壁组合而成。另外，这种建筑经常安装大面积的彩色玻璃窗。

文艺复兴建筑在构图上多使用柱式的要素，以体现和谐与理性的建筑理念。

巴洛克建筑强调外形的自由，突出动感，常用华丽的装饰、雕刻及对比强烈的色彩，还会穿插一些曲面和椭圆形空间以呈现一种自由感和神秘感。

古罗马建筑

欧洲建筑体系还有一个显著的特点，即以石结构为主。修道院和教堂是欧洲建筑体系的主要类型，当然还有一些公共建筑、城堡、府邸、宫殿及园林等。

伊斯兰建筑体系

公元 7 世纪，一种新的建筑体系开始形成，即伊斯兰建筑体系。伊斯兰建筑随着阿拉伯人的足迹，在欧亚大陆扩散开，除了阿拉伯半岛、西班牙、土耳其、埃及和印度等地，其他地区也拥有着大量极具特色的伊斯兰建筑。

伊斯兰建筑体系中蕴含了一定的古西亚建筑的因素，也受到了欧洲建筑的影响。伊斯兰建筑主要流行于阿拉伯帝国和土耳其奥斯曼帝国地区，但对其他国家及地区也产生了一定影响。

砖和石是伊斯兰建筑的主要结构。伊斯兰建筑的类型也较多，如清真寺、陵墓、宫殿、要塞等。伊斯兰建筑还有几个显著的形式特征，如在立方体上覆盖高穹隆，使用多种多样的尖拱，多用彩色的玻璃面砖等。

建筑文化

伊斯兰建筑中最常见的造型——尖拱

尖拱应该是伊斯兰建筑的标志性特征，其一般用于建筑的门洞、墙壁等区域。尖拱具有如同花叶一般的外形，看起来非常美观，可以给受众带来很好的视觉体验。而从力学角度看，尖拱又因为其下宽上窄的特殊分布结构可以对建筑起到很好的支撑作用。尖拱的造型在保持其固有特点的情况下，外形上可以进行一定的变化，可以是直线型的，也可以是曲线型的。

如何欣赏建筑艺术

建筑艺术是一种立体的艺术形式，所以对它的欣赏要考虑诸多方面，如建筑物与环境的相互融合、建筑物的整体与局部、建筑物的动与静以及建筑物本身的象征意义等。

将建筑形象与环境融为一体

建筑既是人类文化发展在自然环境中留下的标志，又是在自然环境中形成的人文景观。因此，建筑都处在某个环境之中，与其周围的环境是不可分割的。建筑与环境是一个有机的整体，二者互相依托，彼此呼应。因此，建筑师们在修建建筑物时必然也会考虑到环境的因素。基于此，在对建筑物进行艺术欣赏时，首先应该考虑到的是建筑形象与环境的融合。很多时候，建筑一旦错置了环境，就失去或改变了原有的艺术价值。试想，如果将埃及金字塔放在中国的江南水乡，其艺术效果一定会大打折扣；如果将幽静的少林寺、白马寺等千年古寺挪到现代大都市中，也就失去了原来的韵味。

比如，著名的皇家园林北京颐和园，就是将建筑物与自然融为一体的典范。其中的万寿山和昆明湖是颐和园的主体，占据了很大面积，也成功地依据天然地势做了精心的点缀营建。从排云殿到佛香阁再到智慧海，外加两旁风格迥异的亭台楼阁，无不是艺术与自然完美结合的典范之作。我们在欣赏颐和园中的建筑时，就需要将其与自然环境融合起来，这样才能更加深入地体会建筑的艺术特色。

北京天安门广场

天安门原名为“承天门”，修建于1417年，是明朝皇城的正门。天安门广场是世界上最大的城市广场，位于北京市东城区东长安街，东起中国国家博物馆，西至人民大会堂，北起天安门，南至正阳门，总面积达44万平方米。

天安门广场附近的建筑设计周密、布局合理，是我国古代劳动人民智慧的结晶。天安门广场周边的建筑均与广阔的空间相照应，给我们带来了宏伟壮丽的整体美感，在全世界的著名群落建筑中占有一席之地。

广场中建筑群落的彼此呼应与兼容，似乎也在提醒我们要团结起来，共同努力创造美好的生活。

对建筑物采用整体与局部结合的审美视角

欣赏建筑艺术时，我们除了要有局部的审美视角，还要有将局部置于整体中来欣赏的审美视角，这样可以更加全面、深入地体悟建筑艺术的美。

建筑的艺术形象不仅包含建筑物的整体风格，也包含建筑的细节装饰，只有整体风格与具体装饰保持内在统一，才能彰显建筑的艺术构思，体现建筑的艺术感染力。这也就说明，在对建筑艺术进行赏析时，要从整体和局部两个视角出发，全面赏析建筑艺术。具体来讲，既要赏析建筑比例、结构等，观察其是否做到了整体的和谐统一，又要欣赏建筑的色彩、景观、空间变换等，观察其是否符合美的规律。总体而言，就是要采用整体与局部相结合的审美视角来欣赏建筑。

别有洞天

南京夫子庙

南京夫子庙最初建于337年，位于南京市秦淮区。夫子庙是由孔庙、学宫、贡院三大建筑群组成的，其布局是前庙后学。夫子庙的建筑主要有照壁、泮池、牌坊、聚星亭、魁星阁、棂星门、大成殿、明德堂、尊经阁等。

夫子庙的建筑南北成一轴线，左右构成对称。大成殿是夫子庙的主殿。殿内正中悬挂着一副孔子画像，四周为孔子业绩图壁画，其内还陈列了一些古代乐器。

南京夫子庙

夫子庙中的所有建筑，在保留个体特色的基础上，做到了与整体的和谐。

大成殿

欣赏建筑物时要做到动静结合

在欣赏矗立不动的建筑物时，我们应该懂得从多个视角进行欣赏，也就是做到动静结合。因为不同的欣赏角度，能让我们对建筑物产生不同的理解和体会。当要欣赏某一著名建筑物时，如果我们只站在某一处观看它的外形，无论看多长时间，都不会产生太多的感悟。在欣赏建筑物时，我们除了要停下来仔细观看，还需要适时地切换视角，挪动自己的身体，从不同角度欣赏这个建筑，这样我们会收获许多惊喜。当我们的视线流动于建筑物的各个角落时，我们的大脑也会随之浮现出一幅幅生动而富有变化的建筑形象画面。与此同时，我们的心理、情绪也会随我们视点的高低、视角的仰俯、视野的大小、视觉的转化而发生变化，从而可以对建筑物有更加全面的认识和感悟。

认真体会建筑物的象征意义

回顾一下我们所熟知的世界著名建筑物就会发现，我们之所以为其感到震撼，与其具有的象征意义有着直接的关系。我们在欣赏建筑物时应该认真地体会建筑物的象征意义。例如，古代工匠在修建北京故宫时特别强调建筑物的对称分布，讲究层次分明，并将主要建筑置于中央，这是为了彰显帝王的威严以及对于国家的主宰地位。

然而，随着历史的发展，人们的思想也在不断变化，建筑艺术的象征意义也在不断丰富和更迭。如今，北京故宫成了中外游客都十分向往的观光对象，对它的审美认识也发生了翻天覆地的变化，即它是中国建筑艺术的伟大成就，是中华民族文明的象征。

我们要想真切地体会建筑物的象征意义，就应该对其修建的时代背景及民族特征有所了解。

在感悟建筑物的象征意义时，还要充分发挥自己的审美想象，在理解建筑物形象的同时，使其拟人化，赋予其新的意义，使其拥有人的性格、情感及生机。例如，在欣赏一些独特、简洁的建筑物时，我们应该感受到它的勃勃生机、落落大方。当然，这种想象一定是符合审美规律的，而不是天马行空地乱想。

回溯文明之源，概览古西亚、古埃及和古代美洲的建筑

对世界建筑艺术的欣赏，必然要从源头出发，这样才能更好地感悟不同时期不同国家和地区的建筑文化，更全面地理解各个建筑物的艺术特色。

虽然古西亚建筑、古埃及建筑和古代美洲建筑最终都没能成为世界三大建筑体系之一，但它们在古代世界建筑中的地位是不可磨灭的。可以说，古西亚建筑、古埃及建筑和古代美洲建筑是古代世界建筑发展的重要源泉，是世界三大建筑体系形成的基石，没有它们在前期的铺垫就没有古代世界建筑的文明。

这里就带领大家概览古西亚、古埃及和古代美洲的建筑，追溯世界建筑的文明之源，领略其经典建筑艺术。

黄土筑造的文明——古西亚建筑

说到古西亚建筑，首先有必要让大家认识一下西亚地区。从地理层面上说，西亚地区包括伊朗高原和幼发拉底河与底格里斯河所夹的两河流域。这里的两河流域也叫“美索不达米亚”，这里曾经是一片极其富庶的土地，但在近代考古学诞生之前，这里并未被历史学家所关注，现如今它被认为是人类文化的摇篮之一。就具体位置来讲，美索不达米亚的北部为亚述（亚述帝国），南部是巴比伦尼亚。而巴比伦尼亚的北部是阿卡德，南部就是苏美尔。波斯帝国也曾对古西亚地区有过统治。

就在这里，伟大的先民们开启了古代建筑的修建之路。下面就带领大家共同探寻黄土筑造的文明，欣赏古西亚建筑艺术。

古西亚建筑的特点

因为古西亚地区的交通较为发达，所以拥有更多与其他文化交流的机会，这就促使其建筑类型和形式更加多样，风格更加活泼、开阔，装饰手法也各式各样，有很强的世俗性。

因为特殊的地理环境，这里的木材和石头都很稀缺，所以人们在修建房屋时更多地使用土坯和土砖。

苏美尔人的伟大建筑

苏美尔是由众多城邦组成的，而且每个城邦都有属于自己的组织和礼仪、信仰，所以只能算得上是一个集合体，而非一个真正的国家。这里的建筑多与宗教组织有紧密的联系，每个城市中最重要的位置都成了百姓寄托信仰的圣地。

在古西亚建筑中，观象台是苏美尔人的建筑代表。之所以这里的人热衷于修建观象台，是因为他们特别崇拜天体和山岳，希望得到它们的庇护。苏美尔人认为，山岳支撑着天地，蕴藏着生命之源，能将山水灌注到河流中，天上的神都住在山里，山犹如人与神沟通的桥梁。

建筑文化

什么是观象台

观象台也叫“山岳台”，属于一种观测自然现象的机构，包括天文、气象、地磁、地震等。在公元前三千年，差不多西亚地区每个城市的主要庙宇都有山岳台或者天体台。如今的观象台已经按照其不同的观测任务拥有了不同的名称，分别为天文台、气象台、地磁台、地震台等。

观象台是一种多层的高台，由坡道或阶梯通往台顶，顶上有一间神庙。观象台的坡道或阶梯的铺设形式比较多样，或正对高台，或沿着正面左右分开，或为螺旋式。

乌尔观象台就是苏美尔人修建的大量观象台中极具代表性的一个。公元前 2125 年，乌尔观象台在伊拉克乌尔城北部得以建立。乌尔观象台的台体共有四层，底层长 65 米，宽 45 米，高约 10 米，有三条坡道通往台上。第二层长 37 米，宽 23 米，高约 4.5 米。因为此观象台被毁，所以只能大致推测其尺寸。观象台的下面三层的台心是用土坯砌成的，外面砌的是由沥青胶结的烧砖。

建筑文化

世界上最早诞生的城市——乌尔城

乌尔城也叫“吾珥”，位于今天伊拉克的纳西里耶。乌尔城已有7500年的文明史。这座城市的总面积大约为13万平方公里，共有35万人口。整个城市由坚固的城墙环绕，城市里有宫殿、庙宇、公共建筑、居住区及港口。乌尔人的住房通常是半圆形的独立的建筑，或者是围绕院落而建立的单独的房屋。这里的房屋多用砖块修建，并且没有窗户，主要通过天井射入阳光。这里的人非常富裕，许多家庭会用对他们来说非常稀有的木材修建屋外的楼梯和阳台。

亚述帝国精湛的建筑装饰手法

公元前16世纪，巴比伦灭亡，两河流域下游成了亚述帝国的附庸。公元前1000年，亚述帝国中心被迁到了尼尼微。到了萨尔贡二世时期，将首都迁至都尔沙鲁金城。亚述帝国的城市均修建在高地上，都有城墙围绕。

就亚述帝国的建筑来说，他们在建筑上的成就主要体现在装饰手法上。亚述萨尔贡皇帝的宫殿，尤其是宫门的装饰有着颇多讲究。

亚述帝国萨尔贡二世

宫殿与方城的西墙北段紧密相连，下面有一个巨大的方台（高 18 米，长 300 米），并且有一半的方台延伸到城外。站在方台上，放眼望去，屹立在面前的是东门（也是正门），正中间是一个圆券门道，上面的门墙与宫墙等高；左右堡墙被门道两旁夹立着，两侧和顶部的墙都是向外突出的，墙上镶满了锥堞（锯齿状垛墙的城墙）。

门墙和城墙下面都贴着石板墙裙，而且古代工匠们在墙裙的转角处精心雕刻了高大的人面牛身双翼神兽。让人倍感奇巧的是，当在欣赏墙裙上的神兽时能发现一个很惊奇的画面，即正面看神兽的两条前腿是并列紧贴在一起的，而从侧面看则右边多出一条伸向后方的腿，再加上两条后腿，似乎能看到五条牛腿。此外，光彩夺目的彩色琉璃面砖也被贴在了墙与锥堞之间。

见证波斯帝国强大起来的建筑——帕赛玻里斯宫

帕赛玻里斯宫始建于公元前 6—前 5 世纪，共历时 60 多年，经历了大流士、泽克西斯一世和阿塔赛克西斯三代。这座宫殿被修建在一座靠山的高 15 米、面积为 460 米 ×275 米的台地上，其入口设在宫殿的西北角。门前的台阶两侧墙壁上被刻上了各个附属国家前来朝贡的场景的浮雕。

帕赛玻里斯宫遗址

站在台阶之上，首先映入眼帘的就是一座方形的小建筑，即万国门。前后门洞下方的两旁也雕刻了高举双翅的公牛，十分生动形象。两座正方形的接待大厅位于万国门的南面。四座塔楼设在西大厅的四个角，塔楼之间立有柱廊，将中央厅堂环绕其中。廊柱面向着西边的检阅台，可以将台下的景象尽收眼底。

东大厅因在修建时立了大量的柱子而被号称为“百柱厅”。大厅里共设有 10 排柱子，每排分布 10 根，一共有 100 根。两个接待大厅的内柱都很长，柱子的间距也比较宽，所以身在其中会感觉很宽敞。两个大厅的南边修筑了后宫、财库及一些附属建筑。

虽然这组宫殿是由土坯砌成的，内部的工艺稍显平常，但是其外表花费了工匠们不少心思。他们用大理石或琉璃砖来覆盖宫墙，还在琉璃砖上做了浮雕装饰。进入大厅，便会被满墙的色彩鲜艳的壁画所吸引，只要稍微留意就能发现周围整齐排列的柱子上面刻着覆盖钟、仰钵、涡卷和一对雄牛。认真欣赏柱子，就能发现它们的精巧之处，如柱子的最下端覆盖着一个钵形石制组件（形如倒扣的碗），柱子外表还刻着精美的花瓣，甚至雕刻出了凹槽，极其精巧。

古波斯人认为，皇帝和帝国的权威是用其拥有的财富来衡量的，所以他们修筑的宫殿主要是为了显示皇帝的富有和强盛。

先前帕赛玻里斯宫富丽堂皇的百柱厅，如今仅剩下 100 根残破不堪的柱子。但再次看到这些遗迹，依然令人感到震撼，驻足其中也会对其历史产生各种遐想。

帕赛玻里斯宫柱子

屹立沙漠的丰碑——古埃及建筑

古埃及位于非洲东北部，即在今天的中东地区。古埃及王国在其发展演变过程中先后经历了 10 个时期、33 个王朝的统治。古埃及是世界上最早的奴隶制国家之一，也是世界文明的发源地之一，还是西方建筑艺术的重要源头。

古埃及建筑有着浓厚的文化底蕴和浓重的宗教色彩，这从一些典型的古埃及建筑物中就能有所感受，其具体体现在艺术象征、空间设置及功能安排等方面。古埃及独特的建筑特色一方面显示了古埃及的人文传统，另一方面也体现了古埃及特有的精神理念。

古埃及建筑历经的三个时期

古埃及建筑的发展前后经历了三个时期，不同时期的古埃及建筑有着各自不同的表现形式及特点。

公元前27—前22世纪迎来了古埃及建筑的古国王时期。这一时期的工匠们是来自氏族公社中的成员。工匠们经历了无数个日日夜夜，用汗水铸成了令世人震撼的金字塔。金字塔是宗教的产物，即便它的样式十分单一，但总能带给人们一种庄严和神秘之感。

埃及金字塔

公元前22—前16世纪是见证古埃及建筑的中王国时期。这一时期的古埃及在手工业和商业上都得到了一定发展，产生了一些经济发展较快的城市，这一时期形成了神庙的基本型制。

公元前16—前11世纪是古埃及建筑的新王国时期，这是古埃及最强大的一个时期，因为在这一时期，古埃及通过不断地远征获得了不少财富和奴隶。这一时期最典型的建筑物就是神庙。据说，当时每个城市都会建造当地的庙宇，所以随处可见神庙的踪影。古埃及人也将神庙当作自己信念守卫者的圣居，是神圣不可侵犯的一块圣洁之地。

吉萨金字塔群的核心

不熟悉金字塔的人很容易错误地以为，金字塔是一座由石块砌成的形如塔状的建筑。其实，金字塔并非只有一座塔形的建筑，它是大约包括80座金字塔的塔群。塔群中分布着大小不一的塔。金字塔距开罗城南80公里，分布在尼罗河沿岸。如此庞大的建筑群，显然是需要投入大量的人力、物力及财力的。

因为古埃及人都认为人能长生不死，法老的灵魂也始终存在，所以这些散布在尼罗河附近的沙漠之中的金字塔，除了有伟岸的身躯，还有难以言说的神秘感。

几千年来，不管是严寒酷暑还是沙暴地震，金字塔始终坚挺地屹立在广阔无垠的大漠之中。

说到这里，你一定很想马上了解一下埃及金字塔，见识它的宏伟，体会它的神秘吧，你一定也想知道古埃及人为何要建造如此庞大的金字塔吧。在金字塔群中，胡夫金字塔、卡夫拉金字塔和孟卡拉金字塔是吉萨高地上埋葬祖孙三代的金字塔，它们犹如聚光灯下最当红的三位明星，构成了吉萨金字塔群的核心。

◆ 胡夫金字塔

古埃及第四王朝的法老胡夫希望自己离世后能住在一座巨大的陵墓中，所以潜心修建了胡夫金字塔。在金字塔群中，胡夫金字塔是最高大

胡夫金字塔

的，也是最有名的一座。胡夫金字塔位于吉萨高地上，其占地面积约为52900平方米，底长230米，高约146米，大约用230万块平均每块重量为2.5吨的石块砌成。胡夫金字塔的外部是一个巨大的实心锥体，塔外看起来是倾斜的，而且十分光滑，中央塔体是石灰岩，塔基为正方形。让我们为之震撼的是，金字塔塔内的分布非常精细，而且修建了甬道、石阶、墓室等。

经过岁月的冲刷、沉淀，如今我们看到的胡夫金字塔是已经被风化之后顶端剥落的样子。尽管如此，它的高度仍然相当于40层大厦的高度。

◆ 卡夫拉金字塔

卡夫拉金字塔也叫“哈夫拉金字塔”，大约初建于公元前26世纪中叶，是由埃及第四王朝的第四位法老卡夫拉建造的。卡夫拉金字塔是吉萨金字塔群中保存相对完整的一座金字塔，所以它的建筑形式更为完美且壮观。

卡夫拉金字塔占地面积大约是53333.3平方米，底是一个正方形，每个边大概230米，建成时的高度为146.5米，如今它的高度大概是136.5米。卡夫拉金字塔的塔身大约是由230万块大小不一的巨石砌成的。因为卡夫拉金字塔的倾斜度比胡夫金字塔更大，显得更陡，而且位于吉萨金字塔群最中心的位置，所以看起来比胡夫金字塔高。但实际上，卡夫拉金字塔要比胡夫金字塔矮。

在卡夫拉金字塔的东侧有一尊巨大的狮身人面像，这也是其声名卓著的一个重要原因。在修建卡夫拉金字塔时，伟大的艺术家发现塔下的整块山石很适合雕刻，于是就有了今天所看到的这尊狮身人面像。

卡夫拉金字塔

别有洞天

吉萨金字塔墓区——狮身人面像

狮身人面像是由雷吉德夫（卡夫拉的兄弟）建造的。这座尊像高27米，长57米，加上两个前爪，总长为72米。面部约长5米，宽4.7米，鼻子长1.7米。

在空旷的沙漠中，巨大的狮身人面像与金字塔俨然形成了一个强烈的对比，吸引着人们对于它的探索。狮身人面像为金字塔增添了许多活力和威严，它像一位忠实的守卫者一样始终默默地注视和保护着身边的金字塔。目前，人们普遍认为，古埃及的狮身人面像是用于镇守法老墓地的，它是智慧和勇猛的结合。

狮身人面像

◆ 孟卡拉金字塔

孟卡拉金字塔的建造时间大概是公元前 26 世纪，地点位于开罗附近。它是作为孟卡拉王的陵墓而建的。孟卡拉金字塔高 65.5 米，底部的边长为 108 米。这座金字塔在修建时可能比较仓促，使用的石块比较重，雕刻也很粗糙。

孟卡拉金字塔

古埃及神庙建筑

◆ 卡纳克神庙

因为古埃及人崇拜太阳神“拉”和地方神“阿蒙”，在不少地方建造了很多神庙。其中，数卡纳克神庙最为著名，是古埃及帝国遗留的最壮观的神庙之一。

大约在 3900 年前，卡纳克神庙始建于埃及卢克索的北部。卡纳克神

卡纳克神庙

庙长 366 米，宽 110 米，共修建了六道大门，其中的第一道大门是最高大的，高 43.5 米，宽 113 米。神庙内有 20 多座大小不等的神殿，紧密排列着 16 列共 134 根巨型石柱。位于中央的两排 12 根石柱尤为高大，直径为 3.57 米，高 21 米，并且在柱子顶端托着 9.21 米长、65 吨重的大梁。可想而知，在当时要将这个巨大的石梁架在柱子的顶端是多么大的工程。

◆ 卢克索神庙

埃及人经常说："没有到过卢克索，就不算到过埃及。"这是因为卢克索是埃及的旅游胜地，很多人来卢克索都是冲着卢克索神庙来的。

卢克索神庙

卢克索神庙大约在公元前 14 世纪开始建造，位于埃及中南部，坐落于开罗以南 700 多公里处的尼罗河畔。卢克索神庙是古埃及法老艾米诺菲斯三世为祭奉太阳神及其妃子、儿子而修建的，之后又在拉美西斯二世时得以扩建。卢克索神庙的规模非常宏大，长 262 米，宽 56 米。

神秘辉煌的王国——古代美洲建筑

在古代世界建筑体系中，古代美洲建筑是非常独特的一个。因为古代美洲建筑是唯一没受到其他地区建筑风格影响而发展起来的，其建筑的发展主要是受当地宗教的影响，今天能看到的很多古代美州的建筑都是各个时期遗留下来的宗教性的建筑。

特奥迪瓦坎建筑

特奥迪瓦坎是在大约公元前 1 世纪建成的城市，其位于奥尔梅克西北的墨西哥高原上。古代美洲的这座城市在公元 500 年迎来了发展的全盛时期，并且以占地面积 20 平方公里、人口多达 15 万的规模，成为当时的一个特大城市。特奥迪瓦坎最典型的建筑就是修建在北部地区的金字塔形的神庙。后来，生活在此处的阿兹特克人将这些神庙当成古人的墓群，并称其为“死者大道”。之所以有“大道”这一说法，是因为特奥迪瓦坎的建筑是沿着一条主轴分布的，是一条长 5000 米、宽约 40 米的大道，其大约向东倾斜 15 度。

在“死者大道”的东侧有一座巨大的金字塔形的神庙——太阳金字塔，它也是特奥迪瓦坎遗迹中最大的建筑。古印第安人将太阳金字塔作为祭祀太阳神的地方。

太阳金字塔

太阳金字塔初建于公元1世纪，共有5层，长度约为225米，高74米（现高65米）。塔的正面有台阶，并且台阶的宽度越来越小，所以塔看起来很高。太阳金字塔的外观跟胡夫金字塔很相似，基本是正方形，并且朝着东西南北四个方向，塔的四面均为呈“金”字的等边三角形。

后来，人们发现太阳金字塔中心的正下方有一个巨大的洞穴。经考古学者的研究得出，特奥迪瓦坎人之所以会在这个洞穴上建造金字塔神庙，是因为洞穴在他们心中是生命之源，一方面这个洞穴象征着母亲的子宫，另一方面此处的泉水是高原地带维系生命的纽带。

特奥迪瓦坎月亮金字塔

除了太阳金字塔，特奥迪瓦坎还有一座月亮金字塔。月亮金字塔是一座典型的宗教性建筑，其规模较小，共有五层，塔的外部是由石块叠砌而成的。从月亮金字塔的遗址中，我们能看到古代建筑师们合理的布局、精湛的技艺，精美的壁画、栩栩如生的雕刻及多姿多彩的彩绘陶器，无不体现着古人对待建筑一丝不苟、兢兢业业、任劳任怨的态度。

月亮金字塔

玛雅建筑

与特奥迪瓦坎相比，由一系列城邦构成的玛雅文明的名声要响得多。20世纪中叶以前，玛雅文明始终都被当作中美洲文明的始祖。早期的玛雅文明曾被特奥迪瓦坎控制，大概在公元600年，玛雅文明迎来了第一个鼎盛时期。

玛雅建筑的一个显著特点是，修建了大量的祭祀中心，建筑工艺上非常注重雕刻装饰。

帕伦克是玛雅文明古典时期的一个重要城邦。宫殿和神庙是帕伦克的主要建筑形式。这里最有名的神庙就是形如金字塔的碑铭神庙。碑铭神庙底边长 65 米，高 21 米，共有九层梯形平台，神庙的内壁由古代工匠们雕刻了 617 个玛雅象形文字。在相当长一段时间里，人们都认为中美洲金字塔形的神庙的基座是实心的，而后经多年考察，考古学家发现神庙的地板之下隐藏着一条密道。这条密道的尽头是一间墓室，其内摆放着一口石棺，躺在这口石棺里的就是帕伦克全盛时期的国王帕卡尔。

碑铭神庙

科潘也是玛雅文明古典时期的一个重要城邦，其位于洪都拉斯西部的科潘省，与危地马拉接壤。公元前 200 多年，科潘是玛雅古国的首都，也是当时的宗教活动与科学文化中心。

科潘是玛雅文明中最古老、最重要的古城遗址。科潘的规模很大，遗址位于 13 公里长、2.5 公里宽的峡谷地带，海拔大约有 600 米，总占地面积大约是 15 公顷。

在城市的中央广场有一座举世闻名的球场，其面积约达 300 平方米。球场大约修建于公元 8 世纪，长 28.5 米，宽 7 米，两侧都有一道倾斜的墙。球场旁有 72 级台阶，宽 10 米，高 27 米。其中，每一级台阶的石头上都刻着象形文字，大概有 2500 字，是已发现的最长的一段玛雅象形文字铭刻。如今，这座球场已经是举世闻名。

托尔特克建筑

托尔特克文明兴起于图拉城。图拉属于如今的墨西哥伊达尔哥州，位于墨西哥城北的群山之中。尽管图拉城北群山环绕，但并没有限制其发展，因为有丰富的森林、河流、野兽及石材等资源。聪明的托尔特克人发现并充分利用了这些有利资源，创建并发展了属于自己的文明——托尔特克文明。

图拉城拥有许多古代中美洲风格的廊柱建筑，柱子上刻着的是托尔特克人征服异族的故事。

图拉城中许多神庙大门的柱子都是羽蛇柱，大门前方的巨柱还有托尔特克战士的形象，体现了战士们骁勇善战的个性。

大约在公元 10 世纪，托尔特克人建造了奇琴伊察城。因为这里常年干旱缺雨，取水全都要靠天然井口，所以就将其取名为“奇琴伊察城”（意为“伊察人的井口”）。

卡斯蒂罗金字塔，即库库尔坎神庙，也叫“羽蛇金字塔”，是奇琴伊察城的典型建筑之一，其位于城市广场的中心，修建于 12 世纪。卡斯蒂罗金字塔基底长 55.3 米，高 24 米，四面是对称的，而且均有通往塔顶的阶梯。塔共有 365 级阶梯，代表着一年中的 365 天。从整体上看，

卡斯蒂罗金字塔

卡斯蒂罗金字塔的比例非常匀称，尺度也很合宜，看起来非常庄重。塔顶有一座平顶神殿，殿中供奉着神像。殿堂的门洞前有两根刻着羽蛇的柱子。

卡斯蒂罗金字塔周围也有许多著名建筑，如圣井、战士神庙和天体观测台。这里的圣井直径有60米左右，井深约20米，井壁笔直，井口呈椭圆形。

战士神庙位于四层平台之上，周围建造了不少柱廊。神庙的入口有两根奇特的羽蛇形的柱子，柱子的前方是一个半躺着的神像，神像手持空盘，据说是用于盛放祭品的。

天体观测台建在圣井对面。天体观测台位于两层平台之上，并且采用了比较少见的圆形平面，内部有通向观测室的旋梯。观测室位于天体观测台的最顶端，其墙壁非常厚，上面安装了一个极其狭小的窗户。后来，人们通过对遗址的研究发现，玛雅人竟然能对天文知识有如此透彻的研究。令人感到惊奇的是，天体观测台与太阳、金星的运动有密切联系，并且精确地指示出了南极的方位。

阿兹特克建筑

14世纪，刚刚崛起的阿兹特克人在特斯科科湖南部的沼泽岛上建造了当时世界最大的城市之一——特诺奇蒂特兰。特诺奇蒂特兰在当时是一座很稀有的人工岛，阿兹特克的古代工匠们历时多年，在特诺奇蒂特兰的中央修建了一座大神庙，用于供奉太阳神和战神。实际上，这座神庙先后在历代君王的指挥下进行了多次扩建，其最初建造于 1325 年，规模不大。最后一次扩建的时间是 1502 年，其在当时的基座长为 90 米，高为 55 米。在之后的一段时间里，特诺奇蒂特兰经历了战争的破坏，又受到了传教士的摧毁，逐渐被人们遗忘。直到 1978 年，一些工人在铺设墨西哥城的电缆时发现了它，才让它有机会重见天日。

第三章 感受异域文化，博观东方各国异彩纷呈的古代建筑

学过地理知识，我们都应该清楚，东方一般来说指的就是亚洲各国。亚洲一共有48个国家，在这些亚洲国家中，有不少国家或汲取他国建筑文化的精华，或根据本国人民的思想诉求，运用人们的聪明才智和艰苦劳动建造了异彩纷呈的伟大建筑。

精于雕琢的艺术——印度建筑

古印度作为四大文明古国之一，其建筑文化十分璀璨。古代印度的建筑历史可以简单地划分为两段：上古印度时期和中古印度时期。因为古代印度建筑深受宗教的影响，似乎披上了神秘的面纱，所以我们在欣赏不同时期的印度建筑艺术时，既要对建筑物的宗教意义保持一颗敬畏之心，又要能深入领会古印度工匠们的坚韧和不易。

上古印度时期的建筑

上古印度时期的建筑还能做进一步的划分：印度河文化时期的建筑、吠陀文化时期的建筑、孔雀帝国文化时期及笈多帝国文化时期的建筑。下面就带大家一起了解它们的建筑特色。

◆ 印度河文化时期的建筑

印度河文化时期的建筑其实就是在公元前 3000 至公元前 2000 年修建的印度建筑。位于印度河下游的摩亨佐·达罗城是这一时期比较典型的建筑，古城的总占地面积约为 7.77 平方公里，分上、下两城。上城的主要建筑有三个：一个用于祭祀或庆祝节日的大厅，是一个边长 28 米的方形，厅内立着 20 根（4 排 ×5 根）由砖砌成的柱子，屋顶是平的；一座庙宇，其四周为柱廊，廊内为走道和房间；一座高塔。下城有用砖砌成的巨大粮仓，还设置了用于通风的管道。城市的每家每户都有用砖砌成的下水道。普通的只有一层的住宅多为红砖砌成的，而且为了保证各个房间之间都有良好的通风，特意不让墙砌到天花板，而是留出足够的空隙。如果是两层的住宅，通常将厨房、洗手间、储藏室、水井等建在楼下，将卧室建在楼上。

◆ 吠陀文化时期的建筑

吠陀文化时期的建筑就是公元前 2000 年至公元前 500 年修建的印度建筑。雅利安人进入印度后，开始了印度建筑发展的吠陀文化时期。令人遗憾的是，由于这一时期的印度建筑是极其原始的泥墙草顶木结构，因此最终没能存留下来。

◆ 孔雀帝国文化时期及笈多帝国文化时期的建筑

孔雀帝国文化时期及笈多帝国文化时期的建筑就是公元前 4 世纪至公元 7 世纪修建的印度建筑。

在历史上，孔雀帝国和笈多帝国都曾统一过印度，并且建造了许多以石头为材料的庙宇和石窟寺。

孔雀帝国时期遗留下来的主要是佛教建筑，这些建筑物多为窣堵坡和僧院。目前，世界最大的窣堵坡是桑奇窣堵坡，其最初修建于阿育王时期，之后经过了多次扩建。桑奇窣堵坡造型奇特，整体为半球形，缺乏内部空间，与古印度北方竹编泥抹的半球形房舍的造型很是相似。桑奇窣堵坡的中央为一个覆钵形的半球体坟冢，由砖石砌成，外表贴着红色砂石，直径足足有32米，高达12.8米。其台基直径为36.6米，高4.3米。

印度中央邦桑奇窣堵坡

桑奇窣堵坡外围由一圈圆形石栏杆包围起来，东、西、南、北的正前方分别设有大门。石头制成的栏杆模仿木制结构，在立柱间安置三根横石，构成了橄榄形的横断面。立柱的顶端是用条石串联而成的环圈，构成了石墙，总高为 3.3 米。东、西、南、北各方大门的高为 10 米，而且都刻着讲述佛祖故事的浮雕。

什么是窣堵坡

窣堵坡也叫“窣堵波”，流行于公元前 3 世纪的孔雀王朝，是当时重要的建筑类型。慢慢地，窣堵坡在印度、尼泊尔、巴基斯坦等南亚国家及东南亚国家也比较常见。

在印度，窣堵坡表示的是坟冢，最初是用于埋葬佛祖释迦牟尼火化后留下的舍利的佛教建筑。起初，窣堵坡只是为了纪念佛祖释迦牟尼而建造的。随着佛教在世界各地的不断传播和发展，很多地方纷纷建造起用于供奉舍利的塔。之后，塔也就成了高僧圆寂之后埋藏舍利的一种建筑。

窣堵坡的台基通常为圆形或者方形的，是由砖石垒筑而成的，其周围建有甬道，并加上一圈的围栏，四周分别设有塔门，围栏和塔门上均有精美的雕刻。台基上面就是塔身，其为一个半球形的覆钵。塔身的外表是由石头砌成，内部灌满了泥土。而修筑者最看重的物品——舍利就埋藏在塔身之内。

孔雀帝国也修建了很多佛教建筑物，如毗可罗和支提。毗可罗其实是依山凿窟而建造的佛教僧院。其通常以一间方厅为核心，周围围绕一圈柱子，在三面凿出了方形的小禅室，形如住宅。支提主要是指举行宗教仪式时所用的场所，是一个细长的、形如马蹄的石窟，其内部有一个小型的窣堵坡。

从公元前 2 世纪至公元 9 世纪，印度北部建造了 1200 多个支提。其中，公元前 1 世纪建造的卡尔利的支提是最著名的一个，其深 38 米，宽 14 米，高 14 米，其间也有一个窣堵坡。

公元前 2 世纪还建造了许多纪念佛祖的佛祖塔。最有名的佛祖塔是金刚宝座式塔。金刚宝座式塔的轮廓坚挺有力，表面精雕细琢。金刚宝座式塔的高台上建造了五座方锥形塔，中间比四周的高很多，五座塔都布满了雕刻。

笃多帝国时期出现了三种宗教并存的局势，但最终留存下来的遗迹很少。这一时期的佛教建筑沿袭着孔雀帝国的形式，比较典型是马哈巴利普兰的岩凿寺。其是由整块的岩石开凿而成，边长为 12 米的方形建筑，中间为佛殿，屋顶为方锥形，上面布满了雕刻。

中古印度时期的建筑

◆ 中古印度时期的庙宇建筑

中古印度时期的建筑就是在 9 世纪至 19 世纪修建的印度建筑。这一时期，印度的北部、南部和中部建筑都有着各自的特点。例如，寺庙有印度雅安式（北部）、曷萨式（中部）和达罗毗荼式（南部）。

北部的庙宇基本都不带院子，共包括门厅、神堂和神堂顶上的塔三个部分。其中，门厅为方形，顶为方锥形，顶上的塔为毗湿奴神的形象，轮廓是曲线形的，塔顶为扁球体，塔身采用垂直线的分布形式。神堂中有圣坛房间，东、西、南、北各设大门，圣坛是创造神梵天的形象。

南部庙宇中的塔的轮廓是方锥形，形式类似于多层楼阁，每层檐口都会故意挑出一部分，顶部为卷棚脊。后来，南部陆续修建了很多大规模的寺院。庙宇的主体也包括三个部分：门厅、神堂和神堂顶上的塔。然而，这里的厅为了突出塔的高度特意采用平顶。之后，又出现了大量的寺院，其中的庙宇僧舍都是由围墙围起来的，而且都有门，顶端有塔。经过多次改建，寺庙的围墙越来越大，门上的塔也越来越高。于是，最终呈现在我们面前的就是寺庙建筑群中层层叠叠、错落有致的塔与墙。

中部的庙宇规模接近于北部，但小于南部。庙宇四周围绕着廊柱，中央是台基，台基中间为举行宗教仪式的柱厅。廊厅的两侧和后侧，对称分布着三个或者五个神堂，神堂顶上也有塔，但是塔较低且彼此独立。神堂呈放射状多角形，塔的轮廓为曲线。建筑上可见密密麻麻的雕饰，还有由镂空花石做的窗户。

◆ 中古印度时期的伊斯兰建筑

因为古印度在 14 到 15 世纪经历了严重的政治分裂，所以这一时期的建筑活动并不多。然而，在这样一个特殊的历史时期仍然有一部分建筑工匠坚持着自己热爱的建筑事业，通过不懈努力最终掌握了砌筑拱券和穹顶的技术。

工匠们借鉴了中亚和伊朗的大穹顶集中建筑的建造方法，并使其在印度流行起来。尽管此时的印度建筑发生了翻天覆地的变化，但依旧保留了一部分传统建筑特征，如柱子的样式、线脚、装饰、材料等。印度工匠们在学习中亚和伊朗的建筑时，经过潜心研究和实践形成了属于自己的建筑特色：其一，用红砂石外镶嵌大理石的方法，组成阿拉伯式图案；其二，将窣堵坡的相轮华盖建在穹顶上，使穹顶的中心地位更为突出；其三，将小圆塔或亭子建在集中式建筑物的转角和台基，并加上小穹顶。

在 16 至 17 世纪中期，伊斯兰建筑在印度十分盛行，城堡和宫殿也非常流行。这一时期的建筑将穹顶技术发展到了极致，如一些建筑物被装饰上了各种彩色的石头，还安装了大块镂空的薄的大理石板窗户、栏板和屏风。因此，这一时期的建筑物看起来非常精美华丽。

印度泰姬·玛哈尔陵

泰姬·玛哈尔陵是印度最著名的古迹之一。

泰姬·玛哈尔陵是中古印度时期莫卧尔王朝产生的最杰出的建筑物，也是世界最美的建筑物之一。后来，人们还将其誉为“完美建筑”“印度明珠”。

泰姬·玛哈尔陵是于 1632—1647 年在小亚细亚的乌斯达德·穆汉默德·伊萨·埃森地的指导下建造的。这座陵墓是为了纪念泰姬·玛哈尔皇后而修建，是印度陵墓建筑特征发展到最成熟时期的典型。

泰姬·玛哈尔陵外墙长 576 米，宽 293 米，由两进院落围成。

泰姬·玛哈尔陵全貌

其共有两道大门，第一道大门宽161米，深123米，两侧分布着小院落；第二道大门比较高大，平面为矩形，中央有一个巨大的穹顶，四角建有塔和小穹顶。沿着凹廊行走，出现在眼前的是一个接近正方形的大草坪，中央有一个十字形的水渠。工匠们在建造泰姬·玛哈尔陵的过程中十分讲究细节，如在墙上镶嵌了精美的浮雕和各色的大理石，还在重要之处嵌入了价值连城的精致宝石，大理石板雕刻精美，工艺极其精细，色彩也非常华丽，可谓巧夺天工。

泰姬·玛哈尔陵的建筑细节

取材自然的创造——东南亚建筑

东南亚国家与我国南方的地理环境有些许相似，树木可以就地取材，沙石泥土应有尽有，这就给建筑活动带来了诸多便利。

东南亚国家受印度文化的影响较大，随着印度宗教的广泛传播，东南亚的很多国家也修建了大量的庙宇类建筑。这类建筑起初与印度的庙宇相似，但随着时间的推移，当地人民开始大胆尝试和创新，最终形成了拥有自己民族特色的庙宇类建筑。

世界最大的庙宇类建筑——吴哥窟

吴哥窟也叫“吴哥寺”，位于柬埔寨的西北部，是高棉帝国的国王苏利耶跋摩二世为了供奉毗湿奴而建造。对于柬埔寨而言，吴哥窟属于国宝，对

吴哥窟全景

于全世界而言，是最大的庙宇类建筑。

吴哥窟最初建造于 12 世纪，它的主殿顶层有五座尖塔，四个角的塔都比中央神堂的塔小一些，五座尖塔共同构成了金刚宝座塔的形状，代表着须弥山的五座山峰。五座塔的分布除了做到了中轴对称，还构成了两种旋转对称：从东、南、西、北四个方向，呈现相同的山字形，成 90 度旋转对称；从西北、西南、东南、东北四个对角线的方向看，也成山字形，五座宝塔朝四面八方展示着同样的造型。

吴哥窟的台基结构从最初的平整的简单台基演变成有一定艺术性的须弥

座形式，即上下宽、中间稍窄，构成一个束腰的结构。

吴哥窟的回廊不仅实用，还有一定的美感。吴哥窟的回廊共包括三个元素：内侧的墙壁兼朔壁、外侧的成排立柱，还有双重屋檐的廊顶。

吴哥窟的外观并非一直都像如今我们看到的那么完整和坚挺，它曾经因为战争遭受过严重破坏，之后还因为其他问题，被冷落了 500 年。直到 19 世纪后期，吴哥窟才在法国博物学家皮埃·落蒂多年的努力下得以重新绽放。

吴哥窟内部景色

建筑文化

柬埔寨的起源

柬埔寨的古称是“高棉”，位于中南半岛，与泰国、老挝、越南等国毗邻。

柬埔寨是一个有着悠久历史的文明古国。公元400年，高棉人建立了一个重要国家——真腊，其中9至15世纪初的吴哥王朝发展得极其强盛，也是柬埔寨在历史上最辉煌的时期，其创造了吴哥文明。之后的柬埔寨历经各种坎坷，直到1993年，才真正迎来了和平与发展的新时期。

古代东方奇迹之一——婆罗浮屠

婆罗浮屠也叫“千佛塔”，位于印度尼西亚的爪哇岛，建于公元 750 年至 850 年，是由夏连特拉王朝的统治者领导建造的。婆罗浮屠属于典型的石构建筑，由很多石塔组成，是一组大型佛塔群，其主体由 9 层台基组成，共由 200 万块长石垒成，没有门窗，也没有梁柱，外形如同一个山岗。

爪哇婆罗浮屠

婆罗浮屠主要有三个部分：塔基、塔身和塔顶。塔基是一个边长为 118 米的正方形，高为 4 米。塔身是由五层正方形构成的，并且一层比一层小。塔顶共由三层圆形构成。

婆罗浮屠东南西北各面分别设有入口，入口两侧还有石狮子作为看守，每个入口均有通向塔顶的台阶。

塔的建筑材料来自附近河流的石料，工人们先将其切成合适的石块，然后运到施工地点进行建造。塔的基本轮廓搭建好之后，工匠还在石块上刻了浮雕。婆罗浮屠拥有很好的排水系统，共安装了 100 个排水孔，即便遇到暴雨天气，也不会产生严重后果。

更令人们想不到的是，婆罗浮屠被建在了默皮拉火山山麓的一个很大的方形的小山上。如今，我们能欣赏到婆罗浮屠惊艳的全貌其实是一件很幸运的事情。曾经，这座伟大的建筑因为火山喷发而沉睡于层层火山灰之下。后来，经过人们的不断勘探和挖掘才得以重见天日。

缅甸第一大塔——仰光大金塔

缅甸人最引以为傲的建筑中一定有仰光大金塔。仰光大金塔也叫“瑞光大金塔”，是东南亚著名的佛教建筑。仰光大金塔大约初建于 15 世纪中期，之后历代有修补和增筑。

大金塔最初建造时的高度仅为 20 米，经过多次修建后，如今其高度已经达到 112 米。

大金塔看上去像一个倒扣的大钟，是由砖砌成的。一眼望去，首先吸引

仰光大金塔

眼球的就是它金灿灿的外表。设计师们在建造大金塔时，特别追求金碧辉煌、雍容华贵，甚至连塔顶也用的是金制的华盖。

大金塔的塔基高为 99.4 米，周长 435 米，主塔位于平台中央，塔内有玉石雕刻成的罗刹像和坐卧佛像。塔外面分别开设四个门，每个门前面都有一对石狮，门内有可登到塔顶的石阶。在主塔四周环绕着 64 座不同形状的小塔。塔的四角均有一个较大的牌坊和一座佛殿，塔下的四个角还安放着缅式狮身人面像。

素简雅致的工艺——日本建筑

日本建筑发展的第一次飞跃与从中国传入的佛教有很大关系。大概在公元6世纪，中国不仅将佛教传播到日本，还将中国传统的建筑技术与艺术带给了日本。当然，日本并没有完全照搬中国建筑的形式，而是在模仿的同时融入了自己的文化，从而创造了有日本特色的建筑。

日本建筑美的代表——平等院凤凰堂

凤凰堂也叫“阿弥陀堂”，是属于平等院中的一组建筑。凤凰堂位于京都以南宇治市，建于平安时代，起初是贵族府邸中的佛堂。凤凰堂的选址和用料都非常讲究，除了三面环水，方向也是朝向太阳升起的东方，殿的形状犹如飞翔的凤凰。更为奇特的是，其在建筑上使用了大量的金银、漆

平等院凤凰堂

和珍珠母装饰，使建筑尽显华丽。如此绝妙的设计也吸引了无数游客前去观赏。

击退敌军的巨大城堡——姬路城天守阁

从12世纪至19世纪，日本陷入了长期的内战中，国家权力由皇帝手中完全转移到了幕府将军手中。幕府将军地位的上升、权力的膨胀以及火药的传入，使日本产生了一种新的建筑类型——天守阁（巨大的军事城堡）。

姬路城天守阁建于 1609 年，是日本防御建筑技术发展到顶峰的重要成果。姬路城天守阁共包括四个城堡，一个中心城堡和三个小城堡，其中主城堡建有一个大望楼和四个小望楼，并且在望楼上分布着炮台，其内藏着大量弓矢，用于防御敌人的进攻。

天守阁的墙体向上收，呈曲线形，让建筑更加稳定。更令人惊叹的是，建筑师利用山花墙的形式解决了楼阁屋檐叠落的结构问题。

姬路城天守阁

现存最古老的神社建筑——伊势神宫

伊势神宫位于日本三重县伊势市，包括内宫（皇大神宫）和外宫（丰受大神宫）两个部分。我们今天看到的伊势神宫并非在连续时间段内集中建成的，大概在天武皇帝时代制定出了一个制度，即每隔 20 年对其进行一次重建。两组宫殿均由两部分组成：本宫和附属的别宫。其中，本宫的规模大体相同，都以正殿为中心，并在四周用木柱或者木板围成栅栏，让神社看起来多了许多神秘感。伊势神宫还有一个附属建筑，即鸟居。

伊势神宫

什么是鸟居

鸟居是神域入口的一个标志性建筑，其一般会建在神道或者神社的围栏上，看起来就像一个很普通的大门。访客踏入神殿之前，首先见到的就是鸟居，似乎也是在提醒大家一旦进入神域，就要注意自己的言行。

鸟居的形式很简单，即在一对木柱之上架上一根横梁，并且两端悬出一部分，梁下也横穿一根两端悬出的枋木。

虽然鸟居看起来非常简单，但是其建造的比例、姿态都是有讲究的，一眼望去我们总能发现它的美感。

广岛县宫岛鸟居

强调与自然和谐的庭园——龙安寺石庭

跟中国建筑一样，日本建筑也特别强调与自然的和谐。不论庭园是大是小，都将大自然微缩于小景物之中。身处日本园林中，你无须不停走动游赏，在平台或回廊上就能观看到美丽的景色。

日本龙安寺的石庭被认为是日本最出色的风景园林之一，是最有名的枯山水（日本园林景观的样式）庭园，修建于1450年。整个石庭是由矮墙围成的长方形庭园，长25米，宽10米。石庭的地面铺满了白砂石，砂

龙安寺石庭

子被细心的工匠摆成了波浪和小丘状，代表缩小了的湖泊或小瀑布、树木。另外，设计师还对白色砂石进行了认真的搭配，呈现出了明与暗的对比，以获得独特的艺术效果。石庭中有五座由15个大小不同的石块堆成的假山。当然，这些石头是经过精挑细选的，为的是更好地呈现一种海中岛屿的形象。坐在庭园边的深色走廊上，你能感受到日本工匠对这里的精心布局。

日本和歌山县蟠龙庭

蟠龙庭坐落于日本金刚峰寺中，是日本最大的枯山水庭园，总面积约有2300平方米。蟠龙庭给人的整体感觉是朴素而不失典雅。

工匠们在修建蟠龙庭的过程中使用了许多石块和白砂，而且在选材上有颇多讲究。比如，石块来自四国弘法大师的出生地之花岗岩，云海的原料是京都著名的白川砂。工匠们通过灵巧的双手搭配出山的气势和水的波纹，科学的组合加上精湛的技艺，使得原本无水、无山的庭园有山水的动感和气息，这也使得无数游客为其着迷，流连忘返。

蟠龙庭

第四章

追寻中华历史，赏尽“天人合一”的中国古代建筑

谈及中国的建筑成果，以“辉煌璀璨”一词来形容可以说毫不为过。当我们追寻着中国的历史脉络去探寻中国建筑的精妙就会发现，小到民居建筑，大到宫殿陵墓，中国古代建筑无一不是集功能、技艺于一身的优秀作品。推开这一扇中国古代建筑的大门，我们能够领略到的不仅有建筑技艺的精妙，还有中国上下五千年历史中，人们对天地万物的思考与表达。

威严壮丽，屹立千年——都城与宫殿建筑

“九天阊阖开宫殿，万国衣冠拜冕旒。”唐代诗人王维一首《和贾舍人早朝大明宫之作》描述了唐代皇帝在唐长安城的大明宫接受外国使臣朝拜的辉煌场景，让人即使未曾亲历，也能感叹一句“盛世繁华”。

规模盛大如长安城，富丽堂皇如大明宫，这些或文字记载或实体留存至今的都城与宫殿建筑成为中国古代建筑重要的组成部分，在中国古代建筑中璀璨闪耀。

秩序与仁和——古代都城建筑

中国古代的都城是中国历朝历代承载政治、军事、文化与商业功能的城市的缩影，关乎着朝代的繁荣昌盛与当时统治者千秋万代的寄托。因此，一

国都城的兴建无论在任何一个朝代都尤为重要。

春秋战国时期记述各种制造工艺的文献《周礼·考工记》曾载：“匠人营国，方九里，旁三门，国中九经九纬，经涂九轨，左祖右社，面朝后市，市朝一夫。”这一段正是描述了建都时的选址规划与营造工序。除了比照《周礼·考工记》留存的建都规制外，中国古代的都城建筑还在不同时期分别或多少受到了礼乐制度、风水学等理论上的影响。古代都城建筑纷繁复杂，布局通常不一，即使是两朝同城，也多有格局与风格上的重新调整，如始兴建于隋朝的大兴城，即后来的唐长安城。

◆ 春风得意马蹄疾，一日看尽长安花——唐长安城

隋朝大兴城的营建总体上采用了中轴对称的格局，南北方以朱雀大街为中轴线，两边排列数目、面积近乎相等的坊市。大兴城分为宫城、皇城和外郭。城中街道以整齐的网格线划分，相互交错，将整个都城进行了有规制的分区。

时间走到唐朝初年，基于大兴城兴建留下的良好基础，唐长安城的布局便更加规整严密。但一朝总有一朝的风格，充分吸收了周礼制度的唐朝依据“君权神授”“天人合一”和《易经》中的风水学思想，以城内 25 条大街为分界线将整个都城分为了东西两市，共 108 坊，占地面积约 87.27 平方公里。108 坊象征 108 颗星曜，寓意神明护佑。皇城居都城正中，衙署环绕。唐代长安城是当时世界上规模最大、最为繁华的城市。长安城内公共设施齐备，沟渠纵横，商业发达。

◆ 赫赫京都千百年，钟灵毓秀萃龙渊——四朝古都北京城

作为唯一将“首都”之名继承下来的城市，北京城经历了千年的历史造化。金元明清的皇城是“四朝古都”的由来，但实际上，在北京建都的历史可以追溯到上古的帝尧时期，“幽都”即为当时的北京。周武王灭商后，封帝尧后代于蓟，自此至春秋时期，“蓟城”便成为北京的名。后至辽金陪都时期，将北京改成“南京”，又名“燕京”。在元朝前，北京地区一直作为诸侯或地区政权的都城而存在。至公元 1260 年，元世祖忽必烈将统治中心转移到北京，北京方才成为一朝都城。

经历了元大都时期的北京城，在明清时期达到古代都城的最高成就，后被城市专家贝肯（E.N.Bacon）称为“地球表面上人类最伟大的个体工程”。

北京居庸关云台旧照

明成祖永乐年间，这座都城正式收获“北京”一名。明代在元大都的基础上完成改建，至嘉靖时期形成北京城的最终轮廓，即宫城、皇城、内城与外城的格局。清朝在明代都城的基础上又进行了整修与风格上的调整。宫城，即如今的紫禁城，南北长 960 米，东西宽 760 米。皇城在宫城之外，南北长 2.75 千米，东西宽 2.5 千米，仍然以太液池为中心，东部为宫城，西部为西苑。内城为旧时北京城中居民居住的地区，在清早期，内城只准许满族百姓居住，东西长 6.65 千米，南北宽 5.35 千米。而外城则为平民及汉族官员居住。尽管在清朝时期阶层划分严格，不同民族百姓居住空间不一，但也正因为这样的格局，北京城的外城多茶楼酒肆、会馆戏园，很好地保留了北京当地众多传统文化风情。

北京前门大街旧照

皇权的威严——古代宫殿建筑

中国古代的宫殿建筑是中国传统建筑中规格最高、结构最为复杂、体型最为庞大的建筑，这与古代中国的统治观念有着极深的联系。

宫殿建筑是为皇帝修建的，供皇帝处理政务以及居住使用。对于皇权至上的古代中国来说，宫殿必须是全国上下最高级别的建筑，任何高于宫殿之上的建筑规格在当时都会被视为对皇权的不敬。

中国古代宫殿从有详细记载的春秋时期开始便多以建筑群的形式出现，形成宫城。宫城内拥有前朝后寝，兼具行政、祭祀、休憩、游乐等功能，为保护皇帝的安全，宫城有极高的围墙与厚重的大门，同时还设有角楼，在宫城前还可能修建护城河，用以防范危险。春秋至唐代，宫城多在都城的一侧或是一角兴建，自北宋起至明清的宫城多位于都城正中，四周被城区包围。

◆ 骊山一统千秋序，八百阿房夙愿陈——阿房宫

我国拥有世界上最大的宫殿基址，它就是没能建成的秦朝阿房宫。

秦始皇统一中国后，于公元前 212 年开始建造阿房宫，公元前 207 年完全停工。尽管阿房宫未能完全建成，但其建造概念及附属建筑“阿城”仍通过遗址和记述的方式留存了下来。

阿房宫包含两大建筑群，一是前殿建筑群，二是“上天台”建筑群，分别为秦始皇处理朝政和生活的居所以及祭祀天神宗祖的祭祀之所。通过考古资料，阿房宫仅前殿遗址便东西长 1270 米，南北宽 426 米，面积约为 54.4 万平方米。后世将阿房宫与万里长城、秦始皇陵、秦直道一起并称为“秦始

皇的四大工程”。1991 年，阿房宫成为联合国认定的世界最大宫殿基址，成为世界奇迹。

◆ 金碧辉煌紫禁城，红墙宫里万重门——故宫

北京故宫，旧时称其为紫禁城。作为明清两代的皇家宫殿，始建于明成祖永乐年间。经明清两代对其进行翻修或改建后形成了如今南北长 961 米，东西宽 753 米，占地面积约为 72 万平方米的北京故宫。

故宫的修建也比照了《周礼·考工记》中所载的宫殿营建方法，建造于北京城的中心，南北取直，左右对称。同时，又依据“负阴抱阳，冲气为和”的观念，故宫北面建万岁山，南面建金水河，同样体现了“君权神授”“天人合一”的传统文化思想。

故宫内建筑面积约为 15 万平方米，以现今的空间理论进行测量，共有大小院落 90 余座，房屋 980 座。作为明清的皇城，分为外朝和内廷。外朝三大殿——太和殿、中和殿以及保和殿，为皇家举行典礼之所。而内廷以乾清宫、交泰殿以及坤宁宫为主统称后宫，是供皇帝、皇后休憩之所。

为了体现皇家的尊贵，故宫中的建筑之华丽难以言表。装饰技艺纷繁复杂，色彩描摹既多样又考究。以皇帝议政的外朝太和殿来说，它面阔十一间，进深五间，建筑面积超过 2300 平方米，高 26.92 米。外部以金黄色琉璃瓦造重檐屋顶，有镇瓦兽 10 个，是中国宫殿建筑史上镇瓦兽最多的宫殿。宫殿主体镶金锁窗，建朱漆门，彩画绚丽，多饰龙纹，体现了皇权的至高无上。殿内金碧辉煌，其中尤以皇帝所坐的髹金漆云龙纹宝座规制最高、最为精美。宝座上金龙缠绕，满髹金漆，还有蟠龙衔珠藻井，皆沥粉贴金，更显尊贵无比。

北京故宫博物院

北京故宫保和殿

北京故宫太和殿外部装饰

宫殿建筑中的“三朝五门”

《礼记·玉藻》和《礼记·明堂位》中曾载:“天子及诸侯皆三朝”“天子五门，皋、库、雉、应、路”。“三朝五门”在隋唐时期被正式应用于宫殿的建造布局。后世朝代均在此基础上兴建宫殿。

三朝为“外朝”“治朝”“燕朝”，五门则为“皋门”“库门”“雉门”“应门”与“路门”。三朝五门分别对应着天子贵胄们居住的宫殿由外到内的层层布局与功能规定。如清朝时期，故宫三朝对应“太和殿”“中和殿”以及“保和殿”，分别对应着天子上朝、官员上朝前的准备室以及举办宴会和科举殿试三种不同的功能。而故宫的五门则对应“大明门”“天安门”“端门”“午门”“太和门”。

庄重肃穆，主次分明——坛庙建筑

坛庙，是中国古代用于祭祀的建筑。高台上设有祭祀活动场所的为坛，如北京的天坛、地坛等，而为日常供奉祭祀所兴建的则为庙，如曲阜的孔庙、上海的城隍庙等。

坛庙是中国古代礼制下的产物，祭祀礼仪也是封建王朝重要的制度，同样具有严格的等级规定，如特定坛庙只能祭拜特定的神明或宗祖，祭祀使用的器皿、乐舞也有细致的规定。

神明宗祖作为中国古代封建王朝神圣不可侵犯的存在，故坛庙建筑也需要体现出神圣肃穆之感，在兴建之时，多用庄重华丽的色彩铺就，建筑造型多以圆、方等样式出现，以体现古人“天圆地方”的设计理念。在装饰雕刻上多采用象征手法，借各种形象表达对神明宗祖的崇拜与尊敬。

祭祀神明的建筑——坛

东汉文字学家许慎的《说文解字》中说：“坛，祭祀场也。”尽管在早期，坛还可用于会盟、誓师、拜相等重大仪式，但随着朝代不断变迁及皇权的逐渐稳定，坛最终成了封建时期皇帝专属的祭祀神明的场所。至明清时期，坛的兴建达到鼎盛。

天坛作为中国古代坛建筑的代表，现已为世界文化遗产。天坛始建于明成祖永乐年间，于清朝乾隆、光绪年间重修改建，是明清两代皇帝的专属祭天场所。其位于北京外城南部永定门大街，处于京城中轴线，总占地面积约为 273 万平方米。天坛采取“天圆地方”之说，若从平面

北京天坛

看去，天坛占地近乎为正方形，内外围墙为圆弧形。天坛是圜丘、祈谷两坛的总称。祈谷坛上的宫殿为祈年殿。祈年殿主体在初建时为矩形，后于明朝嘉靖年间改为三重檐圆殿。

祭祀先祖的建筑——庙

中国古代的“庙”多为祭祀先祖及圣人的建筑。《说文解字》中也有对“庙”一字的解释——“庙，尊先祖貌也”。

在中国古代的宗庙建筑中，祭祀规格最高的不是皇族的太庙，而是祭拜圣人孔子的孔庙（或称文庙）。孔庙作为国家级的祭祀建筑，孔庙由后世历朝历代官方兴建，位于中国多个地区。如今的曲阜孔庙、南京夫子庙、北京孔庙与吉林文庙被并称为中国四大文庙。

儒家学派创始人——孔子，其创造的儒家思想对中国及世界都产生了相当深远的影响，其发展的“礼治”思想影响深远。作为孔子故居的曲阜孔庙，自西汉以来得到了历朝历代君王的“关照”，其规模越来越大，至明清时期形成了如今的占地两万余平方米的曲阜孔庙。其有前后九进，庙内有殿堂门坊等 464 间，其中最著名的建筑有大成殿、棂星门、二门、奎文阁、杏坛、诗礼堂等。曲阜孔庙至今仍具有丰富的历史文化传承与教育意义。

曲阜孔庙　大成殿

曲阜孔庙　棂星门

中国四大文庙

中国四大文庙，即曲阜孔庙、南京夫子庙、北京孔庙以及吉林文庙。除了孔子故乡的曲阜孔庙外，另外三座文庙在文化与精神的传承上也产生了相当广泛的影响。

北京孔庙

南京夫子庙是明清时期南京的文教中心，在前文已经对其有所介绍，因此这里不再具体说明。北京孔庙始建于元大德六年（1302 年），位于北京城内东城区国子监街，又名“先师庙”，是元明清三代统治者兴文化的圣地。吉林文庙始建于乾隆元年（1736年），位于今吉林市昌邑区南昌路，比起前三座文庙，吉林文庙整体规模稍显逊色。但是，它的兴建在促进满汉文化融合方面起到了不可估量的作用。

吉林文庙

功能齐备，极尽奢华——陵墓建筑

提到陵墓，中国古代陵墓建筑中最为突出的代表便是古代帝王诸侯的皇陵或王陵。帝王陵墓多规模庞大，分为地上与地下两部分。地上建筑部分多有陵园建筑，气势雄伟，格局开阔。与地下陵寝衔接的部分还多建有宝顶，作为地宫上方的围墙，内用黄土夯实。地下部分以砖石木料修建墓室，墓室精雕细刻且通常随以众多的陪葬品。陵寝殿室与生活用品的齐备，代表着帝王去世后仍能享受到和在世时一般的待遇，被赋予皇权永存的意味。

陵墓建筑的诞生与建筑技艺的发展与中国传统的土葬观念密不可分。同时，帝王陵墓的规格也代表了一位帝王生前统治的宏伟成就与国家强盛的含义。帝王陵墓的留存至今，为我国历史脉络的梳理提供了充足的实物史料支持。

作为帝王陵墓的代表性建筑，秦始皇陵、明十三陵都堪称一绝。秦始皇陵自 1962 年考古勘察开始至今仍未被发掘完全。据专家探测，陵园范围约为 56.25 平方公里，相当于 78 个故宫的大小。

秦始皇陵外围

秦始皇陵兵马俑

而明十三陵更是中国帝王陵墓的杰出代表，自明成祖朱棣后共计有十三位皇帝埋葬此处，十三陵也因此得名。十三陵位于北京以北 30 千米的昌平区境内。以长陵为中心，各陵墓分散坐落于在四周的山坡上。陵区南北距离长达 7 千米，雕刻装饰精美的石牌坊、碑亭陈列在陵园的大门内侧及主路两侧。陵墓正前为明楼，陈列着帝王的谥号石碑，向下便是陵寝的大门。明成祖朱棣的长陵是十三陵中最为雄伟庄严的陵墓，也是明朝帝陵中保存最为完好的一座。其中，长陵明楼右侧用于祭祀仪式的祾恩殿保存着世界古代建筑中的瑰宝——金丝楠木加工而成的楠木柱。楠木柱直径达 1.17 米，高约 12 米，极为罕见。

明十三陵长陵

明十三陵主建筑群

明十三陵长陵祾恩殿

建筑文化

朝寝一体的明代陵园规制

明代前的帝王陵墓多将朝寝分为“上宫”与“下宫”，上宫行祭祀礼仪，下宫为日常上供。明代后，帝王陵墓的建造废弃了唐宋时期上下宫的陵墓规制，使用了方城、明楼和享殿组成的朝寝一体的陵寝规制。方城是指明楼下部用砖石砌筑成的方形墩台。而明楼是指陵墓正前的高楼，楼中立帝庙谥石碑，下为灵寝。享殿则是用于供奉帝王灵位的祭享殿堂。明代将祭祀与日常上供的宫殿合二为一，不再将日常祭祀和祭祀大典分开进行。

宝塔高耸，崇阁巍峨——佛教建筑

东汉时期，汉明帝派使臣西行求法，迦叶摩腾与竺法兰两位高僧随使臣而归，由白马拖着佛经进入都城洛阳。自此，佛教在中国内地开始了它千年的发展之路。

随着佛教在中国内地的普及，越来越多的人为了他们的信仰开始修筑佛寺。汉明帝永平十一年（68 年），汉明帝下旨为西域高僧迦叶摩腾等修筑白马寺。在白马寺建成之前，“寺”本为汉朝一种官署的名称。但随着白马寺的落成以及佛寺建筑的不断发展，至两晋时期后，“寺”便成了中国佛教建筑的一般名称。

名山大川通常被中国佛教信徒视为修行的圣地。现存较多重要的佛教建筑亦修建于山中，如家喻户晓的河南少室山的少林寺、北京西山的卧佛寺等。当然，也有众多旧时官方或得道高僧修建的佛寺建筑是位于城市当中的，便于统治者或地方百姓拜谒，如佛寺祖庭河南洛阳城东白马寺、浙江杭州西湖灵隐寺、江苏苏州城外的寒山寺等。

洛阳白马寺

杭州灵隐寺

苏州寒山寺

唐代诗人张继一首《枫桥夜泊》道出了安史之乱后的羁旅之思、家国之忧，“姑苏城外寒山寺，夜半钟声到客船”一句，引领无数读者进入那段历史幽思当中。

“寒山寺”一名源自唐太宗贞观年间，当时的高僧寒山、希迁二人在此创立寒山寺。寒山寺，曾为中国十大名寺之一。千年间，寒山寺多次遭到火烧损毁，但又多次被翻修重建。最后一次重建是在清代光绪年间，至今留存下来的庙宇多留有清代建筑风格的痕迹。寒山寺的主要建筑有大雄宝殿、藏经楼、钟楼、枫江楼等。寒山寺不同于其他的佛教寺院，有着别具一格的园林风格，装饰独特，质朴但不失大气。其装饰手法多样，有木雕、石刻、泥塑等，再辅以彩绘提升美感。

主庭园的左右两侧分别嵌有长条石刻，一为明崇祯年间“寒拾遗踪”之刻，一为清末江苏巡抚程德全“妙利宗风”之刻。通过大雄宝殿向右，便能到达当年“夜半钟声”敲响的钟楼。钟楼是一座六角形的重檐亭阁，中有古铜钟，总重量为108吨，钟高8.588米，直径最大达5.188米，钟面刻有铭文《大乘妙法莲华经》，钟边有九幅飞天图及六铣口裙边，精美非常。

千年的古刹如今仍屹立于此，经过大量的翻修，使得今人得以窥见寒山寺当年的盛况。古往今来，曾有无数文人墨客为寒山寺刻石刻碑，其中由文徵明亲手书写的石碑已仅剩单字残存，但清末学者俞樾手书的枫桥夜泊石碑仍可在寺院中得见。

匠心独具，宛若天开——园林建筑

园林建筑的本质是自然与人造的结合，古今中外均是如此。但园林建筑的内涵会根据修建者的理念不同而有所改变，这也是中国古代园林建筑与世界其他国家园林建筑具有明显风格差异的原因之一。明代园林家计成在《园冶》一书中对当时及明代之前的中国园林的造园技术进行了精妙的描述，“虽由人作，宛如天开”一句正是出自其书中，此句也被后世用来形容中国古代的园林建筑。

“天人合一”是中国古人所追求的精神境界，园林中所形成的山水林荫、曲径通幽、雨打芭蕉的景象与意境也是在对“天人合一”的追求中自然产生的。中国古代园林建筑自秦汉时期便得以发展，至明清时期达到鼎盛。现存可考的中国古代园林建筑常以“私家园林”与“皇家园林”进行区分。

人静无车马，山林在市城——私家园林

中国古代的私家园林通常规模较小，多绿植，善仿造山水景观，造景常淡雅脱俗，取修身养性、静心出世的意境，功能则以休闲自娱为主。留存至今的中国古代私家园林现多在江南一带，其中又以苏州、扬州、无锡、南京等地的私家园林最具盛名。

苏州的古代私家园林是古人将精神追求与文化品位相结合的产物。古代的文人学士、隐士名家们多在苏州定居。他们将属于江南水乡独有的山水风光与文人画家的诗词画作相结合，园中一砖一瓦、一墙一壁、一草一木皆有意趣，充满生机。在园林建筑中，苏州园林独树一帜，又被单独称为苏州古典园林。其中，“沧浪亭”“狮子林”“拙政园”“留园”被并称为苏州四大园

沧浪亭

狮子林

拙政园

林。这四大园林代表了中国古代私家园林建筑风格，是中国古代造园工匠们智慧的留存。

留园

别有洞天

沃然有得，笑闵万古——苏州沧浪亭

宋代文人苏舜钦曾于沧浪亭作《沧浪亭记》一文，其观赏到沧浪亭景色之后，借此将胸中丘壑一并抒发出来。

苏州沧浪亭始建于北宋庆历年间，今位于苏州市城南。园内上有山水，下有景池，占地面积约1万平方米。沧浪亭的特别之处在于其整个园林建筑被湖水包围，有沧浪亭、看山楼、面水轩、翠玲珑（竹亭）等多处醉人景观。

沧浪亭门口

沧浪亭走廊

皇族地位的象征——皇家园林

与私家园林相比，皇家园林无论是从外在还是内在都更注重气势。作为皇室生活的一个重要组成部分，君临天下、至高无上的皇权威严需体现在皇家园林建造中的各个方面。

皇家园林的建造规模相当宏大，非私家园林可比。现存可考的皇家园林大多还会将自然景观中的山水融入园林之中，而非人造景观。皇家园林覆盖范围大，格局开阔，景观多样，功能齐备。除了观赏游玩之所，还有皇帝上朝理政之所，此外还有供亲眷侍从居住的场所，以便皇帝的传召。

在装饰风格上，皇家园林注重纹理样式与色彩的庄重华丽，多采用寓意君权神授的图案进行装饰，如龙纹、云纹等。色彩则多以金、红、黄为主色，其他色彩辅助，为皇家园林增添了一抹厚重之感。和玺彩画是现今公认等级最高的彩画技法，其主要特点是画面由不同的龙凤、花卉图案组成，沥粉贴金形成最终的画面。这种技法除在宫殿建筑中经常使用外，便是在皇家园林中多有出现，如北京的颐和园、圆明园等。

皇家园林的营造至清朝时期技艺趋于成熟。由于清朝定都北京，故技艺成熟的皇家园林多存在于北京城内外，包括颐和园、圆明园、畅春园等知名园林在内，在当时的北京，共建有 90 余座皇家园林。

康熙乾隆年间，皇家园林得以兴建，得益于皇帝对江南造园技术的欣赏。皇家园林融合了北方与南方、皇家与私家造园艺术的精髓，使当时园林的造园技艺达到了顶峰。

南北技艺的结晶，壮阔与柔情的交织——北京颐和园

位于北京西郊的颐和园便是南北造园技艺融合的结晶，既有北方皇家园林壮丽开阔、庄严肃穆的气势，又有南方私家园林温婉柔情、幽深静谧的韵味。颐和园原名清漪园，是乾隆皇帝为孝敬其母崇庆皇太后所建。颐和园绵延 20 公里，是供皇帝夏季消暑游乐之所。园内主要景点

有苏州街、昆明湖、万寿山、佛香阁、排云殿等。其中的万寿山为燕山余脉，高达 58.59 米，是皇家园林将自然山水景观纳入园林建造中的典型代表。

颐和园苏州街

颐和园西堤

绵延不绝，星罗棋布——民居建筑

中国的民居建筑是中国最早出现、数量最多、分布最广的建筑形式，其根据地域自然环境与人文环境等多种因素的不同，形成了各种各样的建筑样式，有着极高的美学价值。

中国的民居建筑有着和中国历史同样悠久的发展历程，建筑类型众多，其中又以“北京四合院”“赣派民居”等民居建筑最具特色。

京城一景——北京四合院

四合院，是中国传统合院式建筑在民居中的一种表现形式。四合院并不仅仅是北京汉族民居的类型，在云南的白族地区也可见到。但北京四合院显然更具汉族特色，无论是材料选择，还是建造装饰，均有严格规制。

北京的四合院自元代开始发展，至清朝时期达到巅峰。一户一宅，根据居住家庭的经济状况与人口多少可以扩大到一宅多院。传统的北京四合院通常位于东西方向的胡同。院落坐北朝南，在当时主要是基于顺应天道、吸收日月山川灵气的风水学说。住宅分别为北正房、南倒座房与东西厢房。四周围以高墙，大门通常会选择东南角开辟，这也是基于风水学的支持。四合院的中间多为庭院，庭院宽敞可布景观，如花草树木、假山置石等，在四合院中居住，不仅有较好的私密性，还有能够接触自然的空间，成为当时达官贵人的住所首选。

北京四合院

民居四合院典范之作——梅兰芳故居

梅兰芳故居是一座典型的北京四合院，原为清末庆亲王王府的马厩，后整修为住宅，经过修葺后的梅兰芳故居占地约700平方米，整体建筑空间是典型的四合院规制，内部通透，外部私密。整体民居仅有东南角有一朱漆大门，入门有一影壁，有北侧南向正房和两侧厢房，以及增建的后院与侧院。四合院中常见的垂花门门楼在梅兰芳故居中也多有得见，只是相较宫廷建筑更显朴素低调。

江右风水——赣派建筑

赣派建筑如今分布在江西、湖南、湖北、安徽及福建一带，又称江右建筑。江右源于江右民系，是指分布在江西、湖南等地拥有同类语言、文化与风俗且彼此认同的当地居民。赣派建筑便是江右民系在其当地建造的民居。

江西是形势派风水文化的发祥地，赣派建筑深受风水文化的影响，在建筑的选址、朝向与形态上将民居建造为吉地，同样追求“天人合一”的精神境界，将自然与人文相融合。传统赣派建筑多为二进三开间的院落，厅堂宽敞明亮，卧房通常建为一层半，下层居住，上层储物。赣派建筑还有一典型特征——马头墙，也是江南古典建筑中的重要组成部分，又称风火墙，主要是指院落高于两山墙屋面的墙垣，因形状酷似马头而得名，通常用来防火防风。

与在选址布局上的精挑细选不同，赣派建筑的装饰色彩相当简洁素雅。

墙面、天井、照壁等部分通常使用青石、花岗岩等材料，还会以材料自身的自然纹理组合成图纹进行装饰。若走进赣派建筑密集的街道，便会看到清一色的青砖灰瓦与马头墙，柔和且自然。

江西景德镇瑶里古镇赣派民居景观

第五章 走进西方世界，饱览绚烂多彩的欧洲古代建筑

不同的地理与人文环境促成了不同的历史，塑造了不同的文明。自然，建筑作为文明的物质载体之一，也能够形成多种多样的建筑体系与风格。欧洲古代建筑作为欧洲古代文明的展现，表达了欧洲不同国家或地区在特定时期政治、经济、文化、宗教与艺术上的造诣。

追求庄重典雅——古希腊建筑

作为欧洲文明的摇篮，古希腊也是欧洲建筑艺术的发源地，古希腊建筑的发展根据时间可被分为古风时期、古典时期以及希腊化时期三个阶段，每个阶段都有其不同的建筑表达方式。

古风时期——柱式体系的产生

古风时期是古希腊建筑的第一时期，也是起源时期。在这个时期，古希腊出现了城邦，形成了最早意义上的国家。随着城邦发展的稳定，古希腊建筑也开始形成稳定的体系，此时主要的是“柱式体系”的形成。

古风时期形成的柱式为“多立克柱”与“爱奥尼克柱”。这两种柱式分别体现了阳刚的多立克民族与阴柔的爱奥尼克民族的特色，具有一定的文化象征性。除了体现民族风格，柱式结构在承重构件上也有着严格的程序与规矩，体现了古希腊建筑中严谨的逻辑。

古典时期——建筑珍品的出现

古典时期，古希腊已经进入了稳定繁荣的鼎盛时期。此时，除了营造更精致宏大的神庙外，露天剧场、竞技场、柱廊以及广场等建筑形式也在此时出现。同时，在伯罗奔尼撒半岛的科林斯城又形成了一种新型的柱式——科林斯柱。科林斯柱在柱头的工艺上更为考究，装饰更为复杂，直至罗马广场时期还被广泛应用。

科林斯柱式
（雅典宙斯神庙遗址）

这一时期的古希腊建筑在风格上更为庄重华丽，雅典卫城作为古典时期的建筑文化代表，集中体现了雅典神圣的权威。卫城建筑群代表了当时古希腊建筑的最高水平，是综合性的公共建筑，面积约 3 万平方米，东西长约 280 米，南北最宽约 130 米，位于雅典市中心的卫城山丘上，始建于公元前 580 年。著名的帕特农神庙也位于卫城城中。这座城市孕育了包括苏格拉底的思想在内的众多文明成果，尽管城市在历史的长河中几经破坏，但其魅力在这千年漫长时光的洗礼中愈发闪耀。

古希腊雅典卫城建筑群遗迹

别有洞天

供奉雅典娜女神最大的神殿——帕特农神庙

位于卫城最高处的帕特农神庙是雅典卫城最主要的建筑，建造于约公元前447—前432年。为了歌颂战胜波斯的胜利，雅典建造了这座神庙。“帕特农”一名源于智慧与战争的女神“雅典娜”的别名Parthenon。它是当时希腊供奉雅典娜女神最大的神殿。尽管如今留存的帕特农神庙已仅剩支撑神庙的石柱，但据史料记载，除了庙身主体曾经的辉煌外，庙内还曾存有一尊以黄金象牙镶嵌的全希腊最高大的雅典娜女神像。

帕特农神庙遗址

希腊化时期——建筑文化的对外拓展

公元前 4 世纪到公元前 1 世纪是马其顿王国时期，亚历山大大帝扩张的脚步，不仅带来了版图的扩大，也将希腊的文化，包括建筑风格传播到了更遥远的地区，并与当地的建筑风格产生了融合。因此，这一时期便被称为“希腊化时期”。

莫索列姆陵墓、法罗斯灯塔等是希腊化时期建筑的典型代表。其中，莫索列姆陵墓是古希腊与古埃及建筑风格的结合，而法罗斯灯塔（一般指亚历山大灯塔）是公元前 280 年，埃及法老托勒密二世下令修建的，以古希腊风格为主。

希腊化时期的希腊本土建筑风格也开始发生变化，随着王国的发展、城邦的瓦解，建筑类型开始突破城邦、神庙的限制。加之常年征战导致的国内经济衰退，奴隶主阶层看重享乐，公共建筑成为这一时期希腊本土的主要建筑类型，出现了一批著名的公共建筑，如埃比达乌罗剧场、亚历山大图书馆等，风格更加华美，注重功能性。此外，也出现了一批与东方建筑风格相融合的本土建筑。

展露宏伟壮丽——古罗马建筑

建立在古希腊璀璨的建筑文化基础上的古罗马建筑，同样是世界建筑艺术的辉煌成就，它完美地继承并发展了古希腊建筑的风格，突出了地中海地区的建筑特色。

罗马帝国成立后至公元 180 年前后是古罗马建筑形成自我风格并且进入创作高峰的时期，形成了包括凯旋门、斗兽场在内的大量古罗马风格建筑。如果说古希腊时期的建筑多使用梁柱式建造结构，那么古罗马便是以拱券与穹顶结构见长。拱券与穹顶结构大幅增强了承压的能力，起到了巩固建筑稳定性的作用。古罗马建筑中的公共设施，如斗兽场、露天剧场，甚至是输水管道都或多或少采用了拱券与穹顶的建造结构。

壮观与残酷的斗兽场

同古希腊一样，古罗马建筑中的公共设施与宗教建筑大放异彩，是古罗马建筑中位居前两位的建筑类型。对于公共设施建筑来说，斗兽场是独属于古罗马的特色建筑。

古罗马斗兽场原名弗拉维圆形剧场，它并不是古罗马帝国中唯一的斗兽场，只是它的规格是所有斗兽场中最大的，是专供古罗马帝国奴隶主、贵族与自由民观看奴隶角斗的场所。古罗马斗兽场始建于约公元72—80年，是古罗马当时的皇帝韦帕芗为庆祝出征军队的凯旋与宣扬帝国的伟大而建造的。

古罗马斗兽场外部全景

古罗马斗兽场周长约 527 米，最宽直径达 188 米，最窄处直径亦有 156 米。斗兽场围墙均有柱式结构，既支撑又装饰，在柱式的使用上便有从古希腊继承下来的科林斯柱以及爱奥尼克柱。斗兽场看台可同时容纳约 5 万名观众。因其工程量庞大，直至韦帕芗皇帝的儿子提图斯在位时期才完全建成，成了古罗马帝国强盛的标志性建筑之一。

古罗马斗兽场壮观的内部空间

华丽与神圣的庙宇

如果说斗兽场将拱券结构进行了良好的应用，那么古罗马神庙便是对穹顶结构的应用，这是古罗马建筑技艺中的另一大特色。古罗马神庙采用了完全的穹顶覆盖形制，与古希腊神庙有着明显的区别。

现今位于罗马圆形广场北部的万神庙是古罗马神庙建筑的代表作，也是最具影响力的建筑之一，承载了古罗马建筑艺术与宗教文化。万神庙始建于公元前 27 年，是为了纪念屋大维打败安东尼与埃及艳后克娄巴特拉而建，寓意献给“所有的神”。它作为膜拜众神的庙宇而被命名为“万神庙”。公元 80 年前后，万神庙不幸被焚毁，后又于公元 120 年为哈德良皇帝重建，这

古罗马万神庙

是一位喜欢建筑设计的皇帝。

建成后的万神庙的室内空间是世界上跨度最大的（在现代建筑结构技术出现以前）建筑，穹顶结构在这里得到了充分的发展。万神庙的穹顶以混凝土浇筑而成，最宽处直径可达 43.3 米，顶端高度 43.3 米。穹顶不密封，中央开有一直径约为 8.9 米的圆形空间，可将阳光导入神殿内部。

万神庙的门廊高大，装饰华丽，也代表着古罗马建筑的瑰丽风格，正面有长方形柱廊，柱廊以科林斯柱为主，以整块埃及灰色花岗岩加工而成。巨型的门扇、天花板以及梁的部分则以铜制成，包有金箔。

无论是外部形态还是内部空间，万神庙都展示出了神圣庄严的宗教氛围。同时，搭配得宜的材料自然色与人工装饰既给人以高尚、圣洁之感，又不失建筑艺术的壮观与华丽。

古罗马万神庙内的穹顶空间

兼具敦厚与奢华——中世纪建筑

随着 476 年西罗马帝国的灭亡，欧洲的中世纪时期到来。由于封建割据与教会的统治，不断有战争发生，百姓陷入困苦当中。自古希腊开始发展的建筑艺术也在此时消失殆尽。宗教建筑成了中世纪时期唯一的代表性建筑，华丽非常。

拜占庭建筑，教堂的艺术

公元 395 年，随着罗马帝国的分裂，东罗马帝国，也就是拜占庭帝国诞生。在拜占庭帝国的统治时期，拜占庭建筑成为贯穿中世纪历史的典型建筑形式之一。

拜占庭建筑的传统形式是方形的室内空间与大型的穹隆顶。这种穹顶的

经典的拜占庭建筑代表作——圣维塔莱大教堂

支撑方法进一步解决了穹隆顶自身重量的问题，获得了更大的室内塑造空间，是拜占庭建筑在继承古罗马技术的基础上进行的创新。

在建筑的装饰配色方面，拜占庭建筑更重视内部的装饰，一改古希腊罗马简洁明快的自然风格，拜占庭建筑内部墙面通常会以色彩丰富的大理石铺就，不能使用大理石装饰的拱券与穹隆顶便会使用马赛克或粉画的方法进行装饰。其中，最具特色的便是以小块彩色玻璃碎片镶嵌而成的装饰画作。

拜占庭建筑中的马赛克装饰艺术

建筑中的马赛克装饰艺术，也可以称为马赛克“饰面”，是一种镶嵌工艺。它通过黏合剂（如石膏灰浆）将细小的碎片材料粘合到一起，形成图案或图画。马赛克饰面的出现最早可追溯至公元前3000年的闪米特人时期，是一种相当古老，但耐久度与艺术性极强的装饰艺术。

拜占庭帝国时期，马赛克装饰艺术得到了极大的发展。墙面、地面均有以此工艺完成的装饰。拜占庭的手艺人将大小不一的玻璃碎片根据图案或图画的需要，逐一摆在用新鲜未干的石灰浆或是胶泥铺就的板子上，待黏合剂凝固后，玻璃碎片形成的图案也就固定了下来。之后，工匠再将图案转移到墙上进行镶嵌。

拜占庭建筑中的杰出代表便是拥有近1500年历史的圣索菲亚大教堂。圣索菲亚大教堂始建于约公元325年，后因战火损毁。但幸运的是，其又于公元532年在查士丁尼皇帝在位时期重现光辉。

查士丁尼大帝在位时期，正值拜占庭帝国的第一黄金时期，圣索菲亚大教堂的兴建规模比起当年受万人敬仰的万神庙更加壮阔与奢华。大教堂东西长77米，南北长71米，内部空间的上方是巨型的穹隆顶，其直径约为32.6米，离地高度54.8米。穹隆顶部有采光窗。

位于伊斯坦布尔的圣索菲亚大教堂

与万神庙不同的是，圣索菲亚大教堂的内部采用了多彩的大理石贴面以及玻璃马赛克图画的装饰，不仅是墙壁，连地面也以彩色大理石铺就。在这样的内部装饰下，日光从穹顶的采光窗透进来，照射在这些大理石或玻璃的饰面上，使得大教堂内部的景观迷离而斑驳，神圣庄严之感更为强烈。

圣索菲亚大教堂内部空间

罗马式建筑，古罗马技艺的延续

罗马式建筑兴起于公元 9 世纪，此时的西欧已经形成了多民族国家，正式进入较为稳定的封建社会。在较为稳定的社会发展中，追求古罗马建造技艺与表现形式的君主与贵族们将教堂、修道院等宗教建筑的修建提上了日程。因罗马式建筑是对古罗马建造技艺的展现，所以被称为“罗马式建筑”。

罗马式建筑的重要特点便是其挖掘并延续了古罗马建筑中的拱券技艺。在装饰风格与色彩使用上，与古罗马鼎盛时期的建筑相比，罗马式建筑少了些宏伟瑰丽，但多了些敦厚的质感，更显得坚固有力。尽管罗马式建筑并没有对古罗马建筑技艺进行更多的创新，但因其确为古罗马建筑风格的继承，并且遍布当时的西欧各国，所以也对欧洲 10 世纪到 12 世纪的建筑风格产生了深远的影响。

位于意大利托斯卡纳省比萨城北面的比萨大教堂便是罗马式建筑的典型代表。比萨大教堂始建于公元 1063 年，分为教堂、洗礼堂、钟楼（斜塔）以及公墓四个部分。教堂本身全长 95 米，多采用拱券结构，层叠券廊，罗马风格明显。与其他罗马式建筑较为不同的是，比萨大教堂的中厅采用了木料支架，侧廊为十字拱，正面高 32 米；除了支撑部分，装饰部分也采用了拱券结构；室内格局开阔，历史厚重感极强。

比萨大教堂全景

比萨大教堂内部景观

别有洞天

奇妙的角度——比萨斜塔

比起比萨大教堂，可能更为人所知的是组成大教堂的一部分——钟楼，这座钟楼便是因稳固的倾斜角度以及伽利略的自由落体实验而闻名遐迩的“比萨斜塔”。比萨斜塔始建于1173年，现今位于比萨城北面的奇迹广场。斜塔地面高度55米，总重14453吨。起初斜塔并未倾斜，第一次发现倾斜是在 1178 年。斜塔现今倾斜角度 3.99 度，偏离地基 2.5 米，形成了奇妙的斜塔景观。

比萨斜塔

哥特式建筑，神秘哀婉的美学体验

哥特式建筑是哥特式艺术表现手法体现在建筑上的成果，起源于公元11世纪下半叶，并于13—15世纪流行于欧洲，直至文艺复兴时期仍被沿用。哥特式建筑比起在此之前的其他建筑艺术形式来说，更多展现了中世纪艺术家想要表达的“神秘而隐晦”“失望却又怀有希望”的强烈冲突性情感。

哥特式建筑仍然主要在教堂、修道院等的建造上独树一帜，但除此之外，也有大量城堡、宫殿等建筑应用了哥特式的建筑形式。

哥特式建筑的特点是高耸且瘦削，无论是外部的高塔还是内部的拱门、窗户等都有尖形的顶部。哥特式建筑也十分注重明暗和色彩的应用，采用了大量的排窗设计，窗上是从古代继承和发展而来的彩色玻璃镶嵌工艺，画面内容多为宗教故事。当阳光从玻璃窗照射进室内，那种光明与幽暗形成鲜明的对比，同时也使窗上画面更加鲜活，产生了浓厚的神秘氛围与宗教气氛。

法国作为哥特式建筑的发源地，其哥特式建筑精妙绝伦。其中，巴黎圣母院作为早期哥特式建筑的代表，展现了哥特式建筑艺术的极高工艺水平。

巴黎圣母院的正式名称为“巴黎圣母主教座堂”，位于法国巴黎塞纳河畔，自公元1163年历时近200年全部建成，正面双塔高69米，占地面积6144平方米，是世界上第一座完全意义上的哥特式教堂。

巴黎圣母院

14 世纪哥特式建筑代表——科尔文城堡

13 世纪哥特式建筑代表——索尔兹伯里大教堂

重视秩序和比例——文艺复兴时期的建筑

公元 14 世纪，经济繁荣的意大利市民与知识分子率先一步提出了自己的文化主张，他们借助古希腊罗马文化艺术形式，开始了西欧近代第一次思想解放运动——文艺复兴。基于文艺复兴时期的文化思想，文艺复兴时期的建筑于 15—19 世纪流行于欧洲，并经历了三个发展时期，其特点是继承和发展了古希腊罗马建筑形式，并以对称结构见长。

佛罗伦萨建筑，翡冷翠的气质与光芒

作为文艺复兴的重要阵地，佛罗伦萨的建筑首先展现了冲破专制统治的意图，因此佛罗伦萨的建筑作为文艺复兴初期的典型代表具有重要价值，不仅体现在建筑艺术的变化上，更体现在其丰富的内涵上。

佛罗伦萨大教堂

世界五大教堂之一——佛罗伦萨大教堂是文艺复兴早期建筑的灵魂之作，因佛罗伦萨在意大利语中的意思为“花之都”，因此又被称为“花之圣母大教堂”。佛罗伦萨大教堂建立于圣乔凡尼广场上，这是由白、红、绿三色花岗岩贴面的充满魅力的教堂，由大教堂、钟塔与礼堂三部分组合而成。若以教堂为中心俯视，整个广场被分为三个岔路，与静止的教堂相互映衬，形成了流动与稳重的交织感。

佛罗伦萨大教堂最值得一说的是它高 91 米，最大直径达 45.42 米的穹顶。这座教堂的穹顶的建造手法极致而特别，继承并极大发展了古罗马穹顶技术。佛罗伦萨大教堂的穹顶没有借助任何支撑的拱架，而是以鱼骨结构和以椽固瓦的方法砌成。此外，这一穹顶的贡献还在于它勇敢地突破了当时对建筑形制的禁锢，将穹顶整体突出了出来，成为具有标志作用的组成部分。这在文艺复兴时期以前也是绝无仅有的，因此它也代表了文艺复兴时期的创新精神。

带着技术的进步、思想的突破，佛罗伦萨大教堂唤起了意大利人对优秀历史文化的自豪感。

佛罗伦萨大教堂穹顶

古典主义建筑，巴西利卡的回归

巴西利卡是古罗马的一种公共建筑形式，其外形是整齐的长方形结构，外侧由柱廊围绕，采用条形拱券作为屋顶。在罗马式建筑风格时期，巴西利卡式格局曾被广泛使用。而在文艺复兴的盛期，为了支持文艺复兴所提倡的“古典主义”的回归，巴西利卡式风格又被重新提出并引用，形成了文艺复兴时期的古典主义建筑。

这一时期的建筑的典型代表是位于罗马梵蒂冈的圣彼得大教堂。这座总面积 2.3 万平方米，主体建筑高 45.4 米，长约 211 米的教堂是现今世界上最大的教堂，最多可容纳超过 6 万人。有多位文艺复兴时期的建筑师与艺术家参与了圣彼得大教堂的设计，其中包括著名的艺术家拉斐尔、米

圣彼得大教堂广场与圣彼得大教堂

开朗琪罗等人。

圣彼得大教堂便是采用了典型的巴西利卡式形制，整体呈长方形，以中线为轴两边对称。其对称结构并不仅限于主体教堂，从主体教堂正门往前延伸到梯形广场再至弧形广场，从平面看去皆为左右对称。中央上方为圆形穹顶，该圆顶是由米开朗琪罗主导设计的，仿照了古罗马万神庙穹顶的设计方法，强调光与暗的对比，光从离地高120米的穹顶照进殿堂，使人梦回古罗马神庙中那斑驳迷离又庄严肃穆的神圣空间。

文艺复兴三杰之一——米开朗琪罗·博纳罗蒂

米开朗琪罗是意大利文艺复兴时期伟大的绘画家、雕塑家、建筑师以及诗人。其创作的雕塑《大卫》、壁画《创世纪》等艺术作品享誉至今。他一生追求完美的艺术，坚持创作自由之路，他的个人创作风格影响了后世超过三个世纪的艺术家，与拉斐尔、达·芬奇并称为文艺复兴三杰。

在建筑的塑造上，米开朗琪罗可能并不算是个完全专业意义上的建筑师，因其大多数成就与对艺术的理解都在雕塑上。但也正因为他对雕塑的细节钻研，使他在建筑的塑造上能够以立体三维的视角来平衡建筑的稳定性与美感，通过空间整体的打造来营建震撼人心的建筑效果。1574年，71岁的米开朗琪罗主导并继续完成圣彼得大教堂的修建，如今教堂中央的穹顶是其最主要的建筑作品。此外，在大教堂中厅还存放着米开朗琪罗早年为圣彼得大教堂所造的大理石雕塑作品《哀悼基督》。

文艺复兴晚期建筑，固定的制式

文艺复兴的晚期的建筑在使用古希腊罗马的拱券式结构、古典柱式等方面已经基本形成了成熟的理论方法，如此时出现的著名理论著作《建筑四论》（帕拉迪奥著）以及《建筑诗十篇》（阿尔伯蒂著）。这些理论方法给了这一时期建筑建造一定的参考标准，但同时也因文艺复兴即将走到结束，而使得这些标准产生了僵化。

这一时期建筑的典型是位于意大利的一座贵族府邸，名为“圆厅别墅”，是由文艺复兴时期的著名建筑师帕拉迪奥设计修建的。在建筑外形上，圆厅别墅采取了文艺复兴建筑理论中完全对称以及巴西利卡式的表现手法，平面为正方形，四周环有柱廊，中心是一座圆形大厅，以这一大厅为中心四周完全对称。

圆厅别墅通过绝对对称使整体建筑产生了一种诗情画意的柔和美感，再借由门廊完成室内与花园空间的过渡。走入圆厅别墅，可以很清晰地感受到世俗生活气息的张力，脱离神权而重视人权，主张人性的解放，享受世俗化的生活。这是文艺复兴时期人文主义精神的深刻烙印。

圆厅别墅

华丽与浪漫并存——巴洛克与洛可可建筑

17—18 世纪，随着文艺复兴时期的思想潮流深入人心，人们彻底摆脱了中世纪的思想束缚，完成了向资本主义时代的过渡。平稳与发展是这一时期的特征，而对于这一时期的建筑来说，在继承了文艺复兴建筑布局风格的基础上，设计师们更重视建筑上的装饰风格，追求华丽装饰、浓重色彩的巴洛克与洛可可风格的建筑便由此产生。

巴洛克建筑的绚丽多彩

追求灵动的表现力是兴起于 17—18 世纪的巴洛克建筑的主要风格特征。“巴洛克”一词在西班牙语中的意思为“变形的珍珠”，本来有“杂乱不规则”的贬义，但用在建筑上则表示的是造型丰富、色彩艳丽的装饰特征。

巴洛克建筑的外部墙面通常凹凸有致，墙面柱身都有密集的雕刻花纹。设计师们还会以浓墨重彩的颜色为这些花纹涂色镶金，在视觉效果上有着强烈的感染力与震撼力。

典型的巴洛克建筑，也是历史上的第一座巴洛克建筑是位于意大利罗马的耶稣会教堂，它是由文艺复兴晚期著名建筑师维尼奥拉设计的。耶稣会教堂无论是外侧还是内侧都布满了雕像与装饰。教堂圣坛上的装饰更是绚丽非常。正门上面分层檐部和山花做成的重叠弧形和三角形以及两侧的大旋涡图案雕刻体现出了一种神圣的压迫感。

罗马耶稣会教堂

洛可可风格，梦幻般的室内空间

如果说巴洛克风格的建筑是装饰风格上的室内室外双发展，那么继承巴洛克风格的洛可可建筑就是将室内装饰发展到了极致。洛可可建筑出现于18世纪的法国，主要集中在贵族府邸的室内装饰上，风格更为奢靡。

洛可可的装饰艺术重心不在于构造整体空间的布局，而是在于如何创造出更为复杂华丽的装饰效果。应用了洛可可装饰风格的建筑内部空间会让人产生超脱真实的梦幻般的仙境之感。

凡尔赛宫的镜厅是洛可可室内装饰艺术最为奢华的代表作。凡尔赛宫的镜厅是法国路易十四国王在位时期宴请宾客、享受奢华生活的重要场所。镜厅内有17扇朝向花园的巨大拱形窗门，另一侧是由483块镜片镶嵌的17面落地镜，窗门与落地镜一一对应。透过落地镜，镜厅门窗外的蓝天美景可以被映照出来。地板细木雕花，墙壁大理石贴面装饰，廊柱黄铜镀金，天花板上雕有纷繁复杂

凡尔赛宫镜厅内部景观

的装饰花纹并绘有上百幅油画。从天花板垂吊下来的 24 盏巨大波西米亚水晶吊灯整齐点亮时，能够将整个镜厅照得金碧辉煌。

艺术宝库中的璀璨明珠——凡尔赛宫

凡尔赛宫于 1661 年开始兴建，至 1689 年才宣告竣工，建筑面积约为 11 万平方米，园林面积达 100 万平方米。宫殿建筑气势磅礴，布局严密，采用了自文艺复兴开始的多种建造工艺。宫殿内部金碧辉煌，华丽非凡，多采用巴洛克与洛可可风格的装饰技艺，以雕刻、巨幅油画等

凡尔赛宫外部景观

装饰内容为主。凡尔赛宫的主要景观集中于主楼二层与花园中，如作为接待室的海格立斯厅、维纳斯厅、镜厅、花园等。

凡尔赛宫内部景观

第六章 怀古迎新，观赏近现代中西方建筑

中国近现代建筑可分为中国近代建筑（1840—1949年）和现代建筑（1949年至今）。1840—1949年是一段新旧交替的过渡期，此时中国建筑开始打破封闭状态，由传统向近代过渡。中华人民共和国成立之后，经济、科技、文化等方面的发展有效推动了中国现代建筑的发展。

与中国相比，西方近现代建筑产生的时间则更早一些。从17世纪40年代的英国资产阶级革命开始，西方近代建筑便开始发展起来。第一次世界大战结束后，随着商业、科技、交通等的迅速发展，出现了一些新的建筑思潮，摒弃了传统的建筑风格，注重建筑的功能性和简洁性，即现代主义建筑。

接下来让我们一同追溯中西方近现代建筑潮流，领略近现代中西方建筑的艺术魅力。

紧随时代脚步——中国近现代建筑

鸦片战争的爆发，迫使中国向世界打开国门，也促使工厂、教堂、车站、银行等一批前所未有的建筑类型在国内涌现。中华人民共和国成立后，随着经济、科技等的迅速发展，中国的现代化建筑也蒸蒸日上，取得了很大的发展。

中国近代建筑交替发展

中国近代建筑是指从 1840 年到 1949 年的中国建筑，这个时期的中国建筑处于中西交汇、新旧接替的过渡时期，这个时间范围内的建筑活动大致可分为四个阶段。

◆ 鸦片战争到甲午战争（1840—1895 年）

这一时期属于中国近代建筑的早期阶段，建筑活动较少。主要包括两方面，一方面是帝国主义者在中国通商口岸、租界区内建造的教堂、领事馆、洋行、银行等大批新型的建筑类型，这些建筑大多是欧洲同类型建筑的“翻版”，采用砖木混合结构，属于欧洲古典式建筑。另一方面则是洋务派和民族资本家为创办新型企业而建造的房屋，多采用木构架结构。

汕头英国领事馆旧址

该时期的建筑活动标志着中国建筑开始突破传统的建筑风格，酝酿出具有新风格、新技术和新功能的新型建筑体系。

◆ 甲午战争到五四运动（1895—1919年）

颇具时代特色的新型建筑体系在这一时期初步形成。大约在19世纪90年代，帝国主义国家先后在中国境内开设银行、开办工厂、修建铁路，当时国内的银行、铁路等建筑取得了较快发展。与此同时，中国近代的居住建筑和公共建筑的雏形已基本形成，在建筑材料上初步使用了钢筋混凝土结构，水泥、玻璃等材料的生产能力也获得了初步发展。另外，当年远渡重洋去学习海外先进建筑技术的中国留学生们此时纷纷回国，他们成了中国第一批专业的建筑师。

◆ 五四运动到抗日战争爆发（1919—1931年）

这一时期，中国近代建筑进入了繁荣的发展阶段，在建筑技术上进步迅速。20世纪二三十年代，南京制定了《首都计划》，上海则制定了《大上海都市计划》，两地分别建造了一批行政建筑、居住建筑等，上海十层以上的高层建筑多达28座，有些建筑在设计上已与国外水平相接近。

从国外留学归国的建筑师成立了中国建筑师事务所和中国建筑师学会，并在中、高等学校中设立建筑专业。这些举措有效促进了建筑教育的发展，有利于国内外先进建筑技术的交流与传播。

◆ 抗日战争爆发到中华人民共和国成立（1931—1949年）

该时期属于中国近代建筑发展的停滞时期。抗战期间，中国的建筑业基本处于停滞状态。中华人民共和国成立后，中国进入经济恢复时期，建筑活动也逐渐活跃起来。与其他时期相比，该时期的建筑活动较少。

丰富多样的中国近代建筑

从建筑类型来看，近代建筑大致可以分为居住建筑和公共建筑两类。其中，居住建筑主要有独院式住宅、公寓式住宅、居住大院与里弄住宅，公共建筑主要有行政、会堂建筑，金融、交通建筑，文化、教育建筑以及商业、服务业建筑。

◆ 居住建筑

随着农村人口的涌入，城市人口急剧增加，中国近代城市的住宅也呈现出多样化的局面。该时期比较典型的居住建筑包括独院式住宅、公寓式住宅、居住大院与里弄住宅。

独院式住宅

独院式住宅盛行于1900年前后，属于高标准住宅类型。该类住宅所处地段优越，房屋宽敞，装饰华丽，多为一至二层楼结构，并带有大片的绿地。该类住宅的特色为在技术上采用西方先进的建筑工艺，而在平面布局、装修和绿化等方面多沿用中国传统的建筑形式。独院式住宅的典型代表有张謇在南通的“濠南别业”、上海的吴兴路老房等。

公寓式住宅

公寓式住宅出现于 20 世纪 30 年代以后，该类住宅一般位于交通便利的闹市区，住宅内装有电梯、暖气、煤气、热水器设备等，如上海衡山路毕卡第大厦、上海百老汇大厦等。该类住宅设备较为齐全和现代化，价格也相对较高，因此住户通常为社会上流人士。

南通“濠南别业”

上海百老汇大厦

居住大院与里弄住宅

居住大院和里弄住宅是近代城市居住建筑中数量较多的两种类型。

居住大院是以四合院为基础发展而来的一种住宅类型，多分布在北方城市，十几户至几十户居民集中居住在一起，建筑密度大，多为二三层楼房结构，院内设有公用水龙头和厕所，住户一般为普通职员和广大劳动者。

里弄住宅最早出现在上海，以高密度和紧凑式布局为显著特点，适应了经济发展下不同的住房需求。该类型住宅的居民一般为职员、工人和小商贩。

建筑文化

上海里弄住宅的类型

上海的里弄住宅主要有多种类型，如石库门里弄住宅、新式里弄住宅和花园式里弄住宅等。

石库门里弄住宅

石库门是一种木门扇、石门框形式的住宅大门。19 世纪 60 年代初期，上海的里弄住宅中最早开始出现这种形式的大门，而使用了这种大

石库门里弄住宅

门的住宅就被称为石库门里弄住宅。石库门是作为里弄住宅的单元门而存在的，即一个单元楼一个石库门。

石库门里弄住宅建筑融合了中西方的建筑风格，既有江南传统民居的元素，体现出一种温婉气度；又借鉴了欧洲联排住宅的建筑方式（联排式住宅是指由几幢单户独院复式住宅组成的联排楼栋，各户间有共用外墙，有统一的设计和独立的门户，是欧洲许多城市的主要住宅形式），将异域元素融入其中。

后期石库门里弄住宅规模有所扩大，平面结构、形式以及装饰等方面都发生了改变。从总体布局来看，该时期石库门弄堂建筑排列更为整齐，总弄和支弄的区别更加明显。

新式里弄住宅

新式里弄住宅从石库门里弄住宅演变而来，大约在20世纪中后期开始出现，依旧以联排的形式为主。新式里弄住宅去掉了石库门里弄住宅中的高围墙，用矮墙围出一个别致的小院落。整体来看，新式里弄住宅的中国传统建筑元素减少，欧洲建筑风格更明显。

花园式里弄住宅

花园式里弄住宅又是从新式里弄住宅发展而来，在形式上不再以联排为主，而是以一户独用的独立式或者联排的半独立式居多。相比新式里弄住宅，花园式里弄住宅前的院落和绿化面积增大，房屋开间也更加开阔了。

◆ 公共建筑

进入20世纪以后，中国的建筑规模有所扩大，许多新型的建筑类型如行政、会堂建筑，金融、交通建筑，文化、教育建筑以及商业、服务业等开始纷纷涌现。

广州中山纪念堂

行政、会堂建筑

20世纪20年代以前建造的行政、会堂大多具有欧洲同类型建筑特色，如领事馆、工部局、商会大厦等。20年代以后，国内建造了一批具有民族形式的办公楼和大会堂，如上海市政府大楼、广州中山纪念堂等。

金融、交通建筑

该类建筑主要包括银行、交易所、汽车站、火车站等。

银行建筑在近代公共建筑中发展较快。银行建筑的特点是：外观宏伟威严，内景奢华富丽。比较典型的银行建筑有建于1921—1923年的上海汇丰银行、建于1936年的上海中国银行等。

上海汇丰银行

近代在中国修建的铁路大多为帝国主义所控制，火车站的形式基本为各国的“翻版”，直接沿用各国的建筑技术和风格，造型简洁，功能合理。如建于1903年的哈尔滨火车站、建于1937年的大连火车站等。

文化、教育建筑

近代文化、教育建筑包括博物馆、图书馆、学校、医院、体育馆、公园以及各类纪念性建筑等，有些建筑采用了具有民族特色的风格，其中最具代表性的建筑包括南京中山陵、中国国家图书馆、北京协和医院等。

中国国家图书馆

南京中山陵

南京中山陵始建于1926年，经过三期工程，于1931年年底全部竣工，是中国近代伟大的民主革命先行者孙中山先生的陵寝及其附属纪念建筑群。中山陵的主要建筑有博爱坊、墓道、陵门、石阶、碑亭、祭堂和墓室等。整个建筑群依山而建，沿着南北中轴线对称分布，融合了中西建筑特色和精华，庄严宏伟，独具一格。

南京中山陵建筑群

南京中山陵博爱牌坊

商业、服务业建筑

该类建筑是中国近代公共建筑中数量最多的建筑类型，多为多层、高层或大空间、大跨度的高楼大厦，包括大型百货公司、饭店和高级影剧院等。比较有代表性的商业、服务业建筑有上海沙逊大厦（1926—1929 年）、上海国际饭店（1931—1934 年）等。通常这类建筑下面几层为商店，中间为餐厅、影院等，上面几层为旅店或客房，属于综合性的商业、服务业建筑。

上海沙逊大厦

中国现代建筑持续发展

中国现代建筑指的是从 1949 年中华人民共和国成立至今这段时间的建筑活动，可分为恢复时期、计划时期、调整和停滞时期、新时期几个时期。

◆ 恢复时期（1949—1952 年）

由于该时期国力有限，中国处于百废待兴的状态，建筑活动具有规模较小、进展迅速等特点，这一时期的建筑造型大多很简洁。1952 年 7 月，第一次全国建筑工程会议提出了建筑设计的总方针，即适用、坚固、安全、经济，适当照顾美观。这一时期的代表性建筑有沈阳铁西工人住宅区等新型居住建筑、武汉洪山礼堂等行政建筑以及上海同济大学文远楼等文化教育建筑。

◆ 计划时期（1953—1957 年）

该时期在中国历史上形成了空前的建设规模。建筑设计和施工队伍基本形成，技术和管理水平均取得了较大提升。在建筑方面，中国开展了向苏联学习的运动。同时，中国建筑师也在努力探索着中华民族固有的建筑艺术和风格，如北京友谊宾馆（以大屋顶为主要特征的民族形式建筑）、北京的中国伊斯兰教经学院（具有少数民族色彩的民族形式建筑）、北京首都剧场（结合新型功能等要求探索民族形式的建筑）等。

◆ 调整和停滞时期（1958—1976 年）

1961—1965 年处于国民经济的调整期，一些重要工程以及一些未竣工的工程如北京工人体育馆、中国美术馆、上海虹桥机场、青岛 1 号俱乐部等在该时期得以完成。此外，该时期建筑学术活动较为活跃，建筑学专家针对住宅、建筑艺术等问题进行了探讨。在该时期编写而成的《建筑设计资料集》深受建筑工作者的欢迎。

1965 至 1976 年处于建筑发展的停滞时期，在该时期，中国的建筑领域发展缓慢，建筑活动较少。

◆ 新时期（1977 年至今）

1979 年，经过改革开放的洗礼，建筑工作者在思想上解除了禁锢，建筑学术思想日趋活跃，并出版了相关的学术著作，中国建筑活动开始呈现出一片繁荣的新局面，主要体现在村镇建设、城市住宅建设、旅馆建筑等方面。

改革开放时期的代表性建筑有乐山大佛寺宾馆（1980 年）、广州白天鹅宾馆（1983）、北京长城饭店（1979—1983 年）、陕西省历史博物馆（1983—1991 年）、武汉黄鹤楼（1981—1985 年）等。

其中，广州白天鹅宾馆在设计上继承了中国传统园林的精华，中庭以壁山瀑布为主景，同时吸收国外现代化建筑形式，形成了中西合璧、独具特色的建筑风格。

20 世纪末至今的建筑设计更加融合了中西方的建筑理念，建筑技艺日趋精湛，符合现代人对建筑的审美需求，达到了国外先进的技术水平。该时期具有代表性的建筑有上海金茂大厦（1999 年）、北京奥运会国家体育场和游泳中心（2008 年）、上海世博会中国国家馆（2010 年）等。

广州白天鹅宾馆

上海世博会中国国家馆

别有洞天

上海金茂大厦

上海金茂大厦位于上海市浦东新区世纪大道88号，地处陆家嘴金融贸易区中心。主楼共88层，高度为420.5米，其中前两层为门厅大堂，3～50层为办公区域，51～52层为机电设备层，53～87层为酒店，顶层为观光大厅。

上海金茂大厦

主创建筑师阿德里安·史密斯（Adrian Smith）将世界建筑潮流与中国传统建筑风格完美融合。大厦的外墙由大块玻璃墙组成，反射出变化无穷的色彩；前厅内的铜雕壁画使中国的传统书法艺术得以集中体现。中西合璧的上海金茂大厦荣获伊利诺斯世界建筑结构大奖等荣誉，是上海乃至中国的跨世纪的标志。

功能完善齐全的中国现代建筑

◆ 居住建筑

20 世纪 50 年代至 70 年代初，居住建筑主要为多层住宅楼，住宅标准较低，设备简陋。20 世纪 80 年代以后，住宅标准逐渐提高，并纳入了对家用电器的使用设计，物业管理开始进入住宅领域。20 世纪 90 年代以后，出现了小康住宅设计，建筑设备日益完善，功能更加齐全，人们开始注重家庭中装修与环境的设计，对优良的居住环境提出了愈来愈高的要求。

◆ 公共建筑

20 世纪 70 年代，商业建筑中出现了使用自动扶梯的大型商场。80 年代以后，旅游业得到迅速发展，各地的休憩建筑如游乐场、水上运动场、主题公园、度假村等相关设施如雨后春笋般拔地而起，带动了旅馆和餐饮等建筑的发展。20 世纪 90 年代，影视和传媒业的发展推动了电视台及相关建筑的兴建。

总之，中国近代建筑既包含着原有的中国传统建筑体系，即旧建筑体系，又包含了融入中国特色的西方建筑，即新建筑体系，是一个新旧交替的过渡时期。中国现代建筑则融合了中国传统建筑文化、西方建筑文化以及现代建筑文化三种建筑文化观念，是多种设计元素和理念的结合，展现出独树一帜的中国特色建筑风韵。

崇古与开新——西方新古典主义、浪漫主义和折中主义建筑

以 17 世纪 40 年代的英国资产阶级革命为标志，西方进入近代社会，资产阶级在革命后逐渐登上历史舞台，西方近代建筑也随之得以发展。该时期的建筑大多采用传统的技术和手法，包括新古典主义、浪漫主义和折中主义建筑。

西方新古典主义建筑

西方新古典主义建筑主要采用理性、严谨的古希腊和古罗马经典建筑形式，主要流行于 18 世纪 60 年代至 19 世纪的欧美部分国家，当时的法院、银行等公共建筑和纪念性建筑大多采用这种建筑风格。

◆ 各国新古典主义建筑风格

法国和美国的建筑风格以罗马复兴为主。18 世纪末、19 世纪初的法国为欧洲新古典建筑活动的中心，凯旋门、马德兰教堂等都是兴建于拿破仑时代的典型的纪念性建筑。

美国借助古罗马建筑来表现自由、民主的精神风貌，如效仿巴黎万神庙建造而成的美国国会大厦。美国国会大厦是美国国会的办公大楼，

法国巴黎马德兰教堂

美国国会大厦及其内部穹顶

由参议院、众议院和众多大小房间构成，中央圆形大厅是国会大厦的心脏，室内置有精美壁画和重要历史人物的雕塑。整个建筑以罗马复兴为主，仿照巴黎万神庙，极力表现雄伟、恢宏的气势，是古典复兴风格建筑的代表作。

英国和德国则更多的是对希腊建筑形式的复兴，如英国的不列颠博物馆，德国柏林的勃兰登堡门等。其中，勃兰登堡门是新古典主义风格的砂岩建筑，参考了希腊雅典卫城的柱廊建筑风格，与雅典卫城和巴黎凯旋门等古典主义建筑神似。

德国柏林的勃兰登堡门

巴黎的雄师凯旋门

雄师凯旋门是世界上最大的一座凯旋门，位于巴黎市中心戴高乐广场中央。拿破仑于1805年打败俄奥联军，为纪念此次战争的胜利，拿破仑于1806年下令修建凯旋门。

凯旋门高49.54米，宽44.82米，厚22.21米，中心拱门高36.6米，宽14.6米。在其两面门墩的墙面上雕刻有“出征”“胜利”“和平”和“抵抗”字样的浮雕，门内刻有跟随拿破仑远征的386名将军和96场胜战的名字。整座建筑气势恢宏、雄伟庄严，为欧洲大城市建筑设计的典范。

凯旋门

◆ 新古典主义建筑的两大类型

新古典主义建筑大体可以分为抽象的古典主义和具象的古典主义两种类型。

抽象的古典主义以简化的手法和娴熟的技巧将抽象的古典建筑元素巧妙融入建筑中，以简洁、质朴为主要特色。如以希腊式庙堂为建筑原型的由雅马萨基设计的西北国民人寿保险公司，其柱廊等建筑结构全部以简化的形式得以体现，整座建筑朴实典雅，简约有力。

不同于抽象古典主义的写意，具象的古典主义更加注重古典建筑的内部装饰，博采众长，充分体现了建筑师浓厚的古典文化情趣和深厚的建筑功力，因此具象的古典主义更加精美细致、富丽庄重。如前文提到的美国国会大厦，其内部装饰细腻精美，构思巧妙，具有浓厚的古罗马文化气息，展现了古典建筑典雅、庄重的气质。

西方浪漫主义建筑

西方浪漫主义建筑兴起于 18 世纪下半叶至 19 世纪下半叶，是欧美部分国家在浪漫主义文学思潮（要求发扬个性自由、倡导自然天性）影响下采用的一种建筑形式。

◆ 浪漫主义建筑的两个发展阶段

西方浪漫主义建筑的发展大致可分为两个阶段。

第一阶段是 18 世纪 60 年代至 19 世纪 30 年代。作为浪漫主义建筑发展的初始阶段，该阶段又称为先浪漫主义，在该阶段出现了中世纪城堡式的府邸。

第二阶段为 19 世纪 30 年代至 70 年代，浪漫主义在该阶段真正成为一种建筑创作潮流。由于对哥特式建筑风格的追求，该时期的建筑又被称为哥特复兴式建筑，在教堂、学校、市政厅等建筑中有广泛应用。

◆ 领略各国的浪漫主义建筑风采

大体而言，浪漫主义建筑在英国、德国较早开始流行，并且流行范围较广，而在法国、意大利，该类建筑则不太流行。

英国是浪漫主义的发源地，其中比较有代表性的浪漫主义建筑有英国议会大厦、伦敦的圣吉尔斯教堂和曼彻斯特市政厅等。

美国跟随英国的步伐，掀起一股浪漫主义建筑的狂潮。该类建筑形式广泛应用于大学和教堂，耶鲁大学的老校舍便具有浓厚的中世纪哥特式的建筑风格，是哥特复兴式建筑的代表。

英国议会大厦

英国议会大厦位于伦敦市中心区的泰晤士河畔，是19世纪中期英国最主要的哥特式建筑，也是英国君主立宪制的象征。

议会大厦内部共四层，总计1000多个房间和100座楼梯。底层设有办公室、餐厅和雅座间，二层是最主要的楼层，主要设有议会厅、议会休息室和图书厅，其中，皇家画廊、王子厅、上议院、贵族厅等在该层由南向北呈直线分布，三层和四层为委员会办公室。

英国议会大厦作为全世界最大的哥特式建筑物，其雄伟壮观的气势与鬼斧神工的技艺在同类建筑中无与伦比。

英国议会大厦

西方折中主义建筑

西方折中主义建筑兴起于19世纪上半叶至20世纪初，为欧美国家所流行。折中主义建筑打破了新古典主义和浪漫主义建筑的局限性，将历史上各种建筑风格进行任意组合与模仿，没有固定风格，注重形式美，讲究比例均衡。

◆ 西方折中主义建筑的产生背景

随着社会的发展和人们对于建筑功能的多样化要求，建筑类型也开始变得丰富多样。19 世纪，便利的交通、出版事业的发展以及摄影技术的发明为人们认识和了解世界各地的建筑提供了契机，从而在各城市中出现了糅合罗马、希腊、拜占庭、中世纪等多种建筑风格的建筑形式。

◆ 西方折中主义建筑剪影

19 世纪中叶的折中主义建筑以法国为典型，具有代表性的折中主义建筑有巴黎歌剧院和巴黎圣心教堂等。在 19 世纪末 20 世纪初，折中主义建筑则以美国最为突出。

巴黎歌剧院

巴黎歌剧院是世界上最大的抒情剧场，由查尔斯·加尼叶于1861年设计而成，整个建筑糅合了古希腊罗马建筑、巴洛克建筑等多种建筑风格，精美细致，规模宏大，富丽堂皇，给人以极致的视觉享受。

总体而言，折中主义建筑依然属于较为保守的建筑思潮，并没有过多采用当时不断出现的新型建筑材料和技术。

巴黎圣心教堂

新的探索——西方现代主义先锋派建筑

20 世纪 20 至 30 年代产生了一批影响深远的建筑思潮和流派，即现代主义建筑。与传统建筑相比，西方现代主义建筑较多采用新工艺、新材料和新结构，更加注重建筑的实用性、功能性和经济效益。其中，最具代表性的四位大师分别是德国的格罗庇乌斯、法国的柯布西耶、德国的密斯·凡·德路和美国的莱特。

格罗庇乌斯与包豪斯学派

包豪斯学院由德国著名建筑师、现代主义建筑奠基人格罗庇乌斯于 1919 年在德国魏玛创办。包豪斯学院的成立推动了世界现代设计的发展，标志着现代设计教育的诞生。

包豪斯学院在格罗庇乌斯的指导下形成了独具特色的包豪斯学派，并遵循一贯的建筑方针和理念：第一，在设计中强调自由创造，反对墨守成规；第二，将手工艺与机器生产相结合，能够设计出可以进行机器化大生产的建筑产品；第三，提倡将建筑同绘画、雕塑等艺术有机融合；第四，注重培养学生的实践能力和理论基础。包豪斯的教育思想在一段时间内被奉为现代主义的经典。

包豪斯校舍是包豪斯学院的代表作之一，建于 1925 年，校舍共分为三部分：教学楼、生活用房（包括学生宿舍、餐厅、礼堂等）和四层附属职业学校。整个建筑设计简洁美观，其不对称的造型使建筑本身具有一种灵活性。此外，整个建筑十分注重实用性，并注意建筑单体与群体、建筑与环境的和谐问题。

包豪斯学院

包豪斯学院从功能主义的设计理念出发，充分利用了混凝土、玻璃等新型建筑材料，采用简洁的平顶和玻璃窗，使得整个建筑呈现出简洁、明快、朴素的风格。

整个建筑主要分为四层教学楼、六层学生宿舍楼和四层附属职业学校三部分。教学楼和宿舍之间设有礼堂和餐厅，教学楼和附属学校中间又设有过街楼及办公室，空间丰富多样，体现了各部分间的有机联系。

1925 年，包豪斯从魏玛迁到德绍，格罗庇乌斯为它设计了一所新校舍。该校舍采用现代建筑的新材料和新结构，在布局上更加灵活，注重方便性和实用性。

包豪斯学院

柯布西耶与“机器美学”

20 年代末，现代建筑发展的步伐加快。法国著名建筑师柯布西耶作为 20 世纪最重要的建筑师之一，是现代建筑运动的旗手，推动了现代建筑国际式风格的成长。

柯布西耶在现代建筑设计上的贡献有以下几点：第一，主张运用简单抽象的几何形式；第二，提出“住房就是居住的机器，即大规模生产的房屋”，体现了“机器美学”的建筑理论；第三，创造了比例系统——模度尺，用以确定“容纳与被容纳物体的尺寸”；第四，提出了“新建筑五点”，即独立基础的柱子架空底层、平屋顶花园、两柱间展开横向长窗、自由平面和自由立面。

1928 年，柯布西耶设计完成了萨伏伊别墅，共分为三层，底层为门厅、车库和楼梯等，二层设有客厅、餐厅、卧室和厨房等，顶层为卧室和屋顶花园。该建筑是柯布西耶“新建筑五点”设计理念的有效运用，比如底层由细小的圆柱作为支撑，两柱间镶有横向长窗等。从外观看，整座建筑仿佛一个简单的几何体，而内部结构又像一台复杂的机器，体现了“机器美学”建筑理论。

萨伏伊别墅

“机器美学”建筑理论

机器美学追求机器造型中的简洁、秩序和几何形体美，摒弃复杂的装饰，给人以简约而又富有变化的视觉效果，强调直线、空间、比例等要素。

机器美学有三方面的含义：第一，建筑应像机器一样符合实际功用，强调功能与形式的联系；第二，建筑应像机器一样可以任意放置，强调建筑风格应具有普遍适用性；第三，建筑应像机器一样高效，强调与经济的关系。

密斯与德国馆

密斯是20世纪中期世界著名的建筑师，开创了钢框架结构和玻璃幕墙，对世界建筑风格和特点产生了较为深远的影响。

第一次世界大战后，密斯摒弃传统的建筑风格，继承和发扬了格罗庇乌斯和柯布西耶的现代建筑观念。在设计理念上，密斯提倡精简节约的建筑风格，提出“少就是多”的理念。密斯认为建筑与形式的创造无关，不应有多余的设计和复杂的装饰，也不应受到结构的限制，他更加注重建筑本身的轻灵通透和空间的流动。因此，密斯所设计的建筑从室内装饰到家具，都精简到了无法再改动的地步。

巴塞罗那博览会德国馆是密斯的代表作，也是现代主义建筑的代表作之一。密斯认为，当代博览会的设计应融入文化理念，实现技术与文化的融合，使得建筑本身成为展品的主体。该建筑的主厅由 8 根柱子支撑，柱子上面覆盖着一片薄薄的方形屋顶，墙板采用大理石和玻璃材料，纵横交错，室内与室外相互贯通，没有明确的界限，整座建筑轻灵通透，形成了巧妙的流通空间。

巴塞罗那博览会德国馆

莱特与流水别墅

美国的莱特是现代主义建筑思潮的最后一位代表人物。与前三位建筑大师所提倡的理性设计理念相比，莱特更加注重人与自然、建筑与环境的有机融合。

在设计理念上，莱特提出了“有机建筑论”，即利用当地的地形地势和周围环境，巧妙设计出与自然环境紧密结合的住宅，体现了人与自然和谐统一的绿色生态理念。

莱特最具代表性的作品当属其于 1936 年设计的流水别墅。该别墅位于宾夕法尼亚州郊区，是一座别出心裁的建筑艺术品。莱特根据当地起伏的地形和周围树木茂密的特点，将别墅建在一条瀑布的上边。整座建筑共分为三层，每层的空间大小和外形各不相同，以满足多样化的居住功能和需求。建筑材料多使用当地现有石材等，在节省成本的同时，有利于和周围的自然环境融为一体，形成了一幅错落有致、赏心悦目的山水画。

流水别墅

第七章 走向多元，关注当代中西方建筑

20世纪60年代以后，随着经济的迅速发展和科技水平的提高，人们对建筑的需求也愈来愈丰富多样，建筑界也开始向多元化的趋势发展，涌现出很多新兴的建筑思潮和流派，呈现出一番欣欣向荣的景象。

后现代主义建筑运动兴起于20世纪60年代，在现代主义的基础上发展出了新的设计理念，更加注重历史文化和情感的表达。解构主义在后现代主义运动之后得到了发展，对现代主义提出了质疑和批判，旨在通过“破坏”“消解”的方法打破建筑的稳定结构。

此外，新现代主义、新地域主义和极简主义等新兴的建筑思潮和流派也在多元化的土壤中得到了孕育和发展，有力推动了当代中西方建筑的发展，为当代中外建筑史画上了浓墨重彩的一笔，共同开启了当代中西方建筑的新篇章。

后现代主义与解构主义建筑

后现代主义建筑运动是指 20 世纪 60 至 90 年代产生并发展的一场建筑运动。1966 年，美国建筑师罗伯特·文丘里在《建筑的复杂性和矛盾性》一书中首次提出“后现代”观点。与现代主义建筑相比，后现代主义建筑反对“少就是多”的观点，在设计理念上突出了房屋是“人类的精神家园”，强调装饰和符号的作用。

解构主义是在后现代主义之后西方兴起的一种建筑流派，出现于 20 世纪 80 年代晚期到 90 年代初期。解构主义建筑具有天生的矛盾特性，一方面旨在打破建筑固有的稳定结构，另一方面建筑本身就是一种稳定的结构和构成，因此解构主义不得不以“破坏”的方式去创造。

后现代主义建筑

后现代主义建筑在承认现代主义的基础上产生了新的设计理论及观念，体现了多种风格特征，罗伯特·文丘里、查尔斯·莫尔、迈克·格雷夫斯、菲利普·约翰逊等都是集后现代主义建筑之大成的世界著名建筑大师。

◆ 后现代主义建筑的风格类型

后现代主义建筑具有多样化的风格，大致有后现代古典主义、文脉主义、隐喻主义和装饰主义几种类型。

后现代古典主义是指在继承古典主义传统的同时，吸取现代建筑的经验与不足，将后现代主义与古典主义相融合的一种建筑风格。后现代古典主义一方面汲取了古典主义的建筑形式和构图精华，另一方面又充分考虑大众口味，体现了当代社会的文化需求，创造出了能够连接古典与现代的具有丰富文化内涵的建筑。

文脉主义关注城市的历史和文化的发展，注重对城市文化内涵的挖掘，强调打破现代主义千篇一律的国际主义风格。

隐喻主义是后现代主义建筑师通过隐含、暗示等手法传达凝聚在建筑中的精神。后现代主义的隐喻主要包括“引经据典”和象征的手法。“引经据典”是指建筑师根据大众喜好和个人兴趣，将某个历史元素引入新建筑，从而使人们联想到历史文化。而象征则是通过符号的象征来暗示建筑中所蕴含的精神和思想，从而使人们产生共鸣，为建筑本身赋予更加丰富的意义。

最后是装饰主义。与现代主义所追求的建筑的简洁性不同，装饰主义强调装饰在建筑中所起的重要作用，装饰主义认为，装饰与结构在建筑中同等重要，不仅具有美化作用，还具有丰富的社会内涵。

什么是国际主义风格

很多欧洲现代主义大师来到美国后，将欧洲的现代主义与美国社会相结合，形成了一种新的建筑风格，即国际主义风格。它在 20 世纪六七十年代发展到顶峰，对世界各地的建筑、平面设计等产生了深远的影响。直到 20 世纪 80 年代，国际主义风格才因为种种原因开始逐渐消退。

国际主义风格的特征主要有以下几个方面：为中产阶级设计；具有商业性；重形式，轻功能；追求经济效益。玻璃幕墙和钢筋混凝土结构是国际主义建筑的标准面貌。

◆ 后现代主义建筑的集大成者

罗伯特·文丘里

罗伯特·文丘里是后现代主义建筑和理论的奠基人，他十分重视建筑理论研究，倡导建筑中所蕴含的精神与思想。文丘里在设计建筑风格时多采用戏谑的古典主义，主要代表作品有“母亲住宅”（1962 年）、“文丘里住宅”（1966年）、普林斯顿大学的胡应湘楼（1980年）和伦敦国家艺术博物馆圣斯布里厅（1991年）。

其中，伦敦国家艺术博物馆圣斯布里厅是文丘里的代表作之一，整个建筑在建筑建构和装饰细节上采用了大量的古典元素，同时也将简单的几何图形和美丽的雕饰融入其中，既拥有历史的痕迹，又符合现代化的审美需求，成为伦敦的标志性建筑之一。

伦敦国家艺术博物馆圣斯布里厅

罗伯特·文丘里的“母亲住宅”

“母亲住宅”是罗伯特·文丘里于1962年为其母亲在费城栗子山建造的。母亲住宅是坡型屋顶，山墙面的中央有一个长长的豁口，在豁口下面是一个长方形门洞，门洞上方有一道凸出的弧线，是传统的拱券门的隐喻。在门洞的左右两侧各有一些大小不一的窗户。整座建筑通过隐喻的手法将古典元素和现代元素相结合，赋予建筑本身更加丰富的含义。

查尔斯·莫尔

查尔斯·莫尔是后现代主义最著名的建筑大师之一。在建筑设计理念上，莫尔重视历史文脉和传统文化，注重将历史建筑符号与环境相统一。

莫尔时刻关注着自己所处时代的流行文化元素，将意大利彩绘、中国的山水画等多种文化形式巧妙融入自己的建筑作品中，其最具代表性的作品是1977年的美国新奥尔良市意大利广场，该广场将历史与环境有机融合，是灵活运用折中主义手法的佳作。

意大利广场通过对古典建筑符号的拼贴与重组，试图在新建筑中回归历史，使人们回味和感受丰富的历史与文化底蕴。广场采用了丰富的设计元素，场地、喷泉、钟塔等古典元素随处可见。在装饰层面，广场大量使用古典拱门，而柱廊上的柱头则是用不锈钢材料制成，整座广场中古典元素与现代元素混合搭配，色彩鲜明，既传统又时尚，雅俗共生，到处洋溢着热烈而又怪诞的文化气息。此外，意大利广场的设计也具有隐喻含义，如三处喷泉代表了意大利的三条主要河流，凹凸不平的地面代表了意大利起伏不平的广袤大地等。

迈克尔·格雷夫斯

迈克尔·格雷夫斯是一位著名的建筑家兼学者，他与文丘里有着十分相似的建筑观点。他希望通过折中主义和装饰主义对现代主义建筑加以改造，从而使城市建筑呈现出多元化的局面。格雷夫斯的建筑特色是色彩明快，能够充分采用从古典主义建筑中抽象的建筑元素。

格雷夫斯的代表作品主要有波特兰市政厅、路易维尔市的休曼那大厦以及佛罗里达天鹅饭店。其中，波特兰市政厅最具代表性，该建筑共十五层，下面三层是绿色的基座，与顶层的绿色相呼应，中间十一层为大楼的主体部分。大楼的中部有两组紫红色竖条，仿佛是一对壁柱，竖条上方装有紫红色梯形“柱头”，将古典元素巧妙融入现代建筑之中，令人叹为观止。

菲利普·约翰逊

菲利普·约翰逊是最早把欧洲现代主义介绍到美国的人，是一位嗅觉敏锐的建筑家。作为跨越国际主义和后现代主义两大风格的建筑家和理论家，约翰逊偏向于成熟稳重的设计风格，讲究汲取古典主义建筑的精华并保持严肃性。

约翰逊最具代表性的后现代主义作品是纽约电话与电报公司大厦，运用了后现代主义的典型手法：山花开口式顶部和石质幕墙。放眼望去，人们可以看到大楼顶部是由一个圆洞打断的山花形状，山花顶下的柱子与之共同构成一个希腊神庙般的建筑形象，突出展示了古典主义建筑的鲜明元素。

解构主义建筑

解构主义建筑在后现代主义建筑运动之后兴起，理论基础是法国哲学家德里达的解构主义，该理论将矛头指向一切固有的确定性，认为应该推翻所有的既定界限、概念和范畴。

◆ 解构主义建筑的鲜明特色

解构主义建筑表现出自由散漫、无拘无束的风格，打破了大多数建筑所采用的线性设计，转而运用灵活、流畅的曲线设计，使整个建筑动感十足；在结构上，解构主义建筑打破了固有的稳定结构，通过采用散乱、残缺等艺术手法，使建筑极具张力和表现力。

◆ 解构主义建筑大师及其作品

佛兰克·盖里

佛兰克·盖里是最具代表性的解构主义建筑大师，以设计具有不规则曲线造型、拥有雕塑般美感的建筑而著称。

盖里的作品独具个性，他热衷于从艺术中汲取灵感，并将其运用于建筑的设计之中。因此，盖里所设计的建筑充满着独特和神秘的气息，同时也具有很强的艺术性、开放性和抽象性。

盖里大胆使用各种原材料、运用各种建筑形式，并将抽象、神秘的元素注入其建筑体系之中。他的设计范围十分广泛，从购物中心到住宅，从公园到博物馆，都有盖里涉足的痕迹。盖里的作品主要有沃特·迪士尼音乐厅、古根海姆艺术博物馆、诺顿住宅、欧洲迪士尼娱乐中心、捷克布拉格舞蹈建筑等，其中最具代表性的作品是古根海姆艺术博物馆。

古根海姆艺术博物馆位于纽约旧城区边缘、内维隆河南岸的艺术区域，是世界著名的私立现代艺术博物馆。整个建筑由一群外覆钛合金板的不规则双曲面体组合而成，外观朴实无华。博物馆的室内设计十分精彩，入口处的中庭设计打破简单的几何秩序，采用了层叠起伏的曲面，令人目不暇接。

美术馆分成两个部分：六层的陈列厅和四层的行政办公楼。参观时观众先乘坐电梯上至顶层，然后顺坡而下，便会看到沿坡道的墙壁陈列的作品，打破了传统的陈列厅的观赏格局。

古根海姆艺术博物馆

捷克布拉格舞蹈建筑

捷克布拉格舞蹈建筑打破传统建筑的稳定结构，以其扭曲的建筑结构为主要特色，大楼中部向内凹陷，仿佛有人用手紧紧握住一般，给人以一种视觉上的冲击和紧迫感。大楼外层为玻璃网格结构，内层有支柱支撑，楼中部突出的支柱组成一个向外延伸的区域，远远望去，整个建筑宛如一个身着连衣裙、手叉腰部随音乐舞蹈的人一般，极具艺术美感。

捷克布拉格舞蹈建筑

伯纳德·屈米

伯纳德·屈米是当代著名的解构主义建筑大师及理论家。他倡导建立层次模糊和不明确的空间，通过变形等艺术手法重新创造空间与空间中发生的事件的新联系。他的设计是一个充满了生命力的场所，而不是对已有美学形式的重复。

屈米所设计的作品主要有东京歌剧院、新卫城博物馆、佛罗里达国际大学建筑学校、拉·维莱特公园、玻璃影像画廊等。

其中，拉·维莱特公园是一个充满魅力的、具有独特意义的公园，既满足了人们的审美需求，又集运动、娱乐、自然生态等多种功能于一体。拉·维莱特公园主体建筑采用的是典型的解构主义的手法，全园的交通骨架流畅完整，由点、线、面三个体系构成。公园长廊的顶篷呈波浪型，给人以灵动的视觉观感。园路蜿蜒曲折，呈流线型，整体长达 2000 米，像链条般串联起主题花园。整个公园因其巧妙独特的布局而具有很强的伸缩性和可塑性。

彼得·埃森曼

彼得·埃森曼也是解构主义建筑思潮的有利推动者，同时他也是建筑界一个有争议的人物。

埃森曼的主要作品包维克斯纳视觉艺术中心、欧洲被害犹太人纪念碑、加利西亚文化城、大哥伦布市会议中心等。

其中，最具代表性的作品是欧洲被害犹太人纪念碑。该纪念碑位于柏林，为纪念在浩劫中遭到德国纳粹迫害的犹太人而建，共放置了 2711 块混凝土板，在一个斜坡上以网格图形排列，灰色的混凝土块给整座建筑蒙上了一层阴郁和沉重的色彩。每块混凝土板高低不等，从高处俯瞰，整座建筑形成一种起伏不定的动态视觉效果。

拉·维莱特公园

扎哈·哈迪德

扎哈·哈迪德出生于巴格达，伊拉克裔英国女建筑师。她一向以大胆的造型出名，被称为建筑界的“解构主义大师”，与盖里、屈米对现代主义的批判有所不同，哈迪德是对传统建筑理念的批判。哈迪德大胆使用独特的空间几何结构，尤以曲面结构的运用著称。

哈迪德的作品富于动感和现代气息，所设计的建筑包括中国首都北京地标建筑银峰 SOHO、广州歌剧院、卡迪夫湾歌剧院、伦敦伊顿广场、维尔城的维特拉消防站等。

广州歌剧院因其主体建筑为黑白灰色调的“双砾”而被称为“圆润双砾”。该建筑采用不规则的几何形体，构成了扭曲、倾斜的外观，整个剧场临水而建，与水面的倒影交相呼应，宛如一条在水中游动的大鱼。剧场内主要设有歌剧厅、实验剧场、当代美术馆等艺术专馆和三个排练厅剧场，内部顶端疏密有致地安装了四千多盏LED灯，具有环保节能功效。

北京银峰SOHO

广州歌剧院

新现代主义、新地域主义和极简主义建筑

21 世纪是一个充满机遇与挑战的时代，更是一个多元化的时代。各种建筑思潮应运而生，不断进行创新和发展，呈现出了百花争妍的繁荣景象。随着现代科技的迅速发展和人们对建筑审美需求的变化，一些新兴的建筑思潮逐渐涌现，如新现代主义、新地域主义和极简主义建筑。

新现代主义建筑

新现代主义建筑是指对现代主义建筑的重新研究，即在现代主义建筑的基础上进行继承和发展。查尔斯·加斯米、斯蒂芬·霍尔、理查德·迈耶、贝聿铭等都是引领新现代主义建筑思潮的建筑大师。

◆ 新现代主义建筑的显著风格

与后现代主义相比，新现代主义建筑虽然根据新的时代需求为现代主义增添了新的象征意义，但仍然遵循着理性主义和功能主义等建筑设计理念和基本原则。

新现代主义在保留功能主义和理性主义特点的同时，又具有独特的个人表现和象征性意义，建筑作品一般具有精巧的形式和丰富的内涵。

◆ 引领新现代主义建筑思潮的大师

查尔斯 · 加斯米

查尔斯 · 加斯米是纽约五人集团的成员之一，在他看来，现代主义的理论体系严谨而完善，具有最高的原则。在他所有的建筑作品中，完成于1992 年的纽约古根汉姆现代艺术博物馆的加建部分存在一定的争议，而这一建筑最早由莱特设计完成，整个建筑由一组不规则双曲面体组合而成，是解构主义建筑的代表。加斯米不再采用原先复杂的螺旋式结构，而是采用更为简洁先进的现代主义形式，在离旧馆不远处建造了一栋崭新的大楼，体现了他对现代主义建筑原则的遵循。

斯蒂芬 · 霍尔

斯蒂芬·霍尔十分赞同柯布西耶的现代主义原则，对包括现代主义美术、音乐等在内的现代主义艺术充满了热情。由于受到音乐中拼接方式的影响，他在自己的设计中采用了拼接的艺术手法，并通过现代主义的基本方法加以表现。

霍尔的代表作品主要包括得克萨斯的斯特列托住宅群、德国柏林的

AGB 图书馆设计、尼尔逊·阿特金斯博物馆、赫尔辛基当代美术馆、贝尔维尤美术馆等。

其中，赫尔辛基当代艺术博物馆位于赫尔辛基市中心国会大厦对面，是一座曲线流畅、灵动，美感十足的建筑，以白色作为该馆的主色调。博物馆外观简洁大方，线条流畅自然，富有现代化气息，内部空间设计巧妙，装饰精美简约。博物馆里的藏品丰富而珍贵，大部分藏品都为 1960 年以后的现代艺术作品。

赫尔辛基当代艺术博物馆

理查德·迈耶

理查德·迈耶也是纽约五人集团的成员之一，他最推崇的现代主义建筑大师是柯布西耶，受其简单的格子结构的影响，迈耶在建筑设计中采用现代主义的白色作为独具代表性的颜色，他的白色建筑以其洁白、纯净之感给人留下了深刻的印象，并成为其作品的显著特色。因此，迈耶又被称为“白色派”教父。

迈耶的代表作品非常多，如法兰克福的装饰艺术博物馆、巴黎的戛纳总部大厦、巴塞罗那艺术博物馆、亚特兰大的海尔艺术博物馆、洛杉矶的博物馆项目——保罗·盖蒂中心等。

迈耶的代表作之一的巴塞罗那艺术博物馆整体造型简洁利落（为立方体造型），独具特色，通过引入异形体和别出心裁的立面切割来形成纵横交错的面的组合，给人以变化无穷的空间视觉体验。博物馆有南、北两个入口，南入口特殊的墙面处理形成了丰富的层次感，北入口右下侧为弧形墙面，内部设有楼梯，由于楼梯与建筑主体留有一定空隙，为楼梯提供采光的同时，又为建筑立面的变化提供了可能性。

贝聿铭

贝聿铭出生于广东广州，是美籍华人建筑师，荣获美国建筑学会金奖、法国建筑学金奖等多项建筑奖项，被誉为“现代建筑的最后大师”。

贝聿铭的作品主要有四个特色：建筑设计与所处的自然环境相结合；独具特色的空间处理；关注建筑材料；建筑内部设计精巧别致。

贝聿铭所设计的作品主要包括肯尼迪图书馆、华盛顿国家艺术馆东馆、卢浮宫玻璃金字塔和苏州博物馆新馆等。

其中，卢浮宫玻璃金字塔并未借用古埃及金字塔的材料和造型，而是创新性地采用玻璃材料和普通的几何形态，巧妙地将古老的宫殿式建筑改造为

巴塞罗那艺术博物馆

现代化的美术馆。白天，金字塔晶莹剔透，映衬着巴黎变幻莫测的天空。夜晚，繁星闪烁，灯火通明，玻璃金字塔与周围的建筑浑然一体，在星空下勾勒出一幅奇特的美景。

卢浮宫玻璃金字塔

苏州博物馆新馆

苏州博物馆新馆位于苏州古城北部历史保护街区，与拙政园毗邻，总占地面积15000平方米，主要由展览馆、礼堂、古物商店、文献资料图书馆等部分组成。

苏州博物馆新馆

一方面，博物馆汲取了中国传统文化的精华，在色彩上主要为灰白两种色调，凸显了中国江南传统建筑古色古香和淡雅别致的风格，在空间布局上选择性地借鉴了中国传统建筑对称分布的特色。另一方面，先进的现代建筑手法和理念赋予整座博物馆新的含义。

此外，整座建筑在风格上与周围环境巧妙地融为一体，既是对中国传统建筑的延伸，又不失现代感，是对拙政园等传统建筑的现代化延续。

新地域主义建筑

新地域主义建筑是指建筑上吸收本地的、民族的或民俗的风格，使现代建筑中体现出地方的特定风格的一种建筑流派。新地域主义者认为，建筑始终联系着一个地区的文化与地域特征，应创造出融入当地特色，代表当地精神和文化的建筑。

◆ 新地域主义建筑的重要风格

新地域主义反对盲目抄袭异域风格，旨在将建筑和当地社会形成一种紧密的联系，倡导采用先进的理念和技术较为深刻和全面地表达当地文化和人们日常生活中更本质的内容。

新地域主义总的原则是回归自然，促进可持续发展。与传统地域主义相比，新地域主义建筑具有以下特征：利用建筑强化地域和气候特征，试图从当地的地形、地貌、气候等自然条件出发制订设计方案；有选择性地采用当地的地方性材料；关注当地的乡土文化，吸收当地的传统建筑精髓，使建筑重新获得场所感与归属性；“高技乡土”倾向，将高科技与当地地域环境、地理气候等相结合，建造出既具有信息、智能、生态等功能，又能反映当地文化特色的建筑。

建筑文化

地域主义建筑

世界建筑史上有两个大的趋势：全球化（国际化）和地域主义。前者倾向于打造一个“千篇一律的世界”，后者倾向于打造一个“各具特色的世界”，为避免建筑形态的单调、缺乏个性，地域主义建筑便应运而生。

一般而言，地域主义试图在建筑设计中将传统的文化特色与现代手法相结合，但随着自身的发展，逐渐演变成了机械的地域主义，即简单地将现代建筑材料与传统形式相叠加，或者流于对传统建筑表面形式的模仿，地域主义建筑作品渐渐趋于平庸。

在此情况下，新地域主义兴起，它不是对传统风格的盲目模仿，也不是简单地采用当地材料和结构，而是注重吸收传统文化的精髓，将当地传统的文化、民俗运用现代化手法融入建筑中，担负着协调人与现实生活之间的关系的作用。

◆ 新地域主义建筑的代表人物及作品

伦佐·皮亚诺

伦佐·皮亚诺是意大利著名的建筑师，他注重将建筑艺术、技术与周围环境相结合，对建筑材料有着极强的敏感度，通过运用各种技术将不同类型的建筑材料的性能发挥到极致。

皮亚诺的作品所涉及的建筑类型十分广泛，包括博物馆、教堂、酒店、住宅、写字楼、影剧院等，比较有名的作品有巴黎的蓬皮杜艺术中心、新喀里多尼亚的提巴欧文化中心、巴赛尔的贝耶勒基金会博物馆、伯尔尼的保罗·克利中心等。

其中，蓬皮杜艺术中心共分为工业设计中心、公共情报图书馆、现代艺术博物馆以及音乐与声乐研究中心四大部分。整座建筑钢骨结构外露，拥有不同功能的管线被漆上红、黄、蓝、绿、白等不同的颜色，看起来绚丽夺目。远远望去，整座大厦外部缠满了错综复杂的管道和钢筋，像极了

蓬皮杜艺术中心

一座奇特的化学工厂厂房，因此其又有着“文化工厂”和“市中心的炼油厂”等别称。

拉斐尔·莫尼奥

来自西班牙的拉斐尔·莫尼奥是当代世界著名建筑师，也是新地域主义建筑的杰出代表。在设计理念上，莫尼奥反对“即时性”的建筑，注重追求建筑对社会产生的持久意义，重视采用乡土材料来表达地方民俗特色和场所感。

莫尼奥的主要作品有国立罗马艺术博物馆、库塞尔音乐厅和会议中心、斯德哥尔摩现代艺术博物馆、米罗基金会美术馆、戴维斯博物馆和文化中心，以及洛杉矶圣玛利亚大教堂等，其中洛杉矶圣玛利亚大教堂以其庞大的规模和精美的设计风格著称。

西萨·佩里

西萨·佩里生于阿根廷，1952年移居美国，被美国建筑学会评为十大最具影响力的在世建筑师之一。

佩里在坚持现代建筑的原则的基础上，关注环境与历史等因素对新建筑产生的影响，旨在设计出与周围环境相结合，并能体现当地特色文化的作品。

佩里的作品主要包括太平洋设计中心、世界金融中心和冬季花园、马里兰州私人住宅、彼得罗纳斯双塔大厦、关西机场等。

其中的彼得罗纳斯双塔大厦由两座结构和外观相同的现代化摩天大楼组成，两座大厦之间由一个横空的天桥连接在一起，天桥下方设有两个支柱，分别与两座大厦固定，整个设计仿佛是用一个蝴蝶结将两座大厦系在一起，造型新颖，别具一格。

彼得罗纳斯双塔大厦

此外，中国的新地域主义建筑也有很多，如中国建筑师冯纪忠设计的上海松江方塔园和普利兹克奖获得者王澍设计的宁波博物馆，都突出了中国的特色文化传统，推动了中国建筑朝本土化的方向发展。

宁波博物馆是一座具有地域特色的综合性博物馆，将宁波的地域文化特征、传统建筑元素与现代化建筑形式巧妙融合，综合运用了宁波特有的乡土材料，造型简约、灵动，独具创意，是宁波城市文化的核心与窗口。

上海松江方塔园

宁波博物馆

极简主义建筑

极简主义建筑是指20世纪90年代以来建筑界开始流行的一种建筑思潮，是对现代主义所提倡的简约特征的一种继承和发展。

◆ 极简主义建筑的艺术特征

极简主义建筑所具有的特征主要表现为以下几个方面：建筑形式的极端简化，如使用基本形状和单色调，不去刻意追求复杂的装饰和丰富的色彩；将建筑中的所有细节减少或压缩至精华，在艺术创作中使用最少的元素；重视材料的选择和使用，对建筑材料具有独特的见解。

◆ 极简主义建筑的代表人物及作品

雅克 · 赫尔佐格和皮埃尔 · 德梅隆

雅克·赫尔佐格和皮埃尔·德梅隆都是瑞典著名的建筑大师，两人既是挚友，也是合作伙伴。1978年，德梅隆和赫尔佐格合伙成立了一家建筑设计事务所，如今，该事务所在全球拥有9个合伙人和170名员工。

赫尔佐格和德梅隆注重材料运用的精确性和建筑形体的严谨性及简约性。两人共同合作设计了北京国家体育场“鸟巢”，该建筑被英国设计博物馆评为最具创意的奥运场馆，是“慕尼黑奥运会以来从未有过的能全面体现当代体育馆概念的设计”。

此外，二人还共同设计了很多有名的建筑作品，其中比较有代表性的极简主义建筑是伦敦泰特现代美术馆。该建筑整体运用普通的立体几何，采用

北京国家体育场“鸟巢”

混凝土、砖和玻璃作为建筑材料，中央是一个里程碑式的方柱型建筑，整个建筑看上去简约素雅，朴实无华。

阿尔瓦罗 · 西扎

阿尔瓦罗 · 西扎来自葡萄牙，是当代著名的建筑师。西扎的建筑也表现出极简主义的特征，摒弃过多的装饰，试图用简洁的形式表现建筑内在的丰富性，追求建筑本身的几何形体美，其建筑作品通常有着朴实无华的外观和丰富细腻的内部空间。

圣玛利亚教堂集中体现了西扎的“简洁”设计风格。教堂入口的大门十分高大，再加上两侧高耸的建筑，给人以威严肃穆之感。教堂内部采光设计构思巧妙，阳光从紧靠天棚的三个大窗照射到人们的头顶上方，圣洁而神秘，整座建筑虽简洁朴素，却营造出了庄严神圣的建筑效果，令人叹为观止。

伦敦泰特现代美术馆

参考文献

[1] 陈孟琰，马倩倩，强晓倩 . 建筑艺术赏析 [M]. 镇江：江苏大学出版社，2017.

[2] 陈婉娴，蓝天，罗泽凤 . 艺术欣赏 [M]. 广州：中山大学出版社，2013.

[3] 陈文捷 . 世界建筑艺术史 [M]. 长沙：湖南美术出版社，2004.

[4] 何华，任留柱 . 中外建筑史 [M]. 郑州：大象出版社，2015.

[5] 胡志毅 . 世界艺术史・建筑卷 [M]. 北京：东方出版社，2003.

[6] 黄云峰，刘惠芳，王强 . 房屋建筑学（第 2 版）[M]. 武汉：武汉大学出版社，2017.

[7] 李广，卢翼，李慧君 . 中外建筑史 [M]. 合肥：安徽美术出版社，2018.

[8] 李宏，田立臣 . 中外建筑史 [M]. 北京：中国建筑工业出版社，2009.

[9] 李龙，颜勤 . 中外建筑史 [M]. 北京：科学技术文献出版社，2018.

[10] 李永刚，王聪．建筑艺术赏析 [M]. 合肥：合肥工业大学出版社，2015.

[11] 梁旻，胡筱蕾．外国建筑简史 [M]. 上海：上海人民美术出版社，2007.

[12] 刘然，胡美芳．中外建筑史 [M]. 南京：南京大学出版社，2015.

[13] 刘托．建筑艺术 [M]. 太原：山西教育出版社，2008.

[14] 刘托．外国建筑艺术欣赏 [M]. 太原：山西教育出版社，1996.

[15] 邱德华，董志国，胡莹．建筑艺术赏析 [M]. 苏州：苏州大学出版社，2018.

[16] 莎拉·坎利夫，萨拉·亨特，琼·路西耶．世界建筑风格漫游从经典庙宇到现代摩天楼 [M]. 张文思，王韡珏，译．北京：机械工业出版社，2015.

[17] 王受之．世界现代设计史 [M]. 北京：中国青年出版社，2002.

[18] 王烨．中外建筑赏析 [M]. 北京：中国电力出版社，2012.

[19] 萧默．世界建筑艺术 [M]. 武汉：华中科技大学出版社，2009.

[20] 尹国均．图解东方建筑史 [M]. 武汉：华中科技大学出版社，2010.

[21] 赵新良．建筑文化与地域特色 [M]. 北京：中国城市出版社，2012.

[22] 赵新良．诗意栖居：中国传统民居的文化解读（第 2 卷）[M]. 北京：中国建筑工业出版社，2007.

[23] 郑玮锋，彭子茂．建筑设计基础 [M]. 北京：中国建材工业出版社，2013.

[24] 郑永安．世界建筑艺术史 [M]. 长春：东北师范大学出版社，2012.

[25] 中国大百科全书总编辑委员会《建筑 园林 城市规划》编辑委员会，中国大百科全书出版社编辑部．中国大百科全书 [M]. 北京：中国大百科

全书出版社，1988.

[26] 陈汉棚 . 伊斯兰建筑结构及装饰特点初析 [J]. 时代漫游，2013（4）：119

[27] 李梅娟 . 天安门建筑史话 [J]. 中国房地产，1996（11）：78.

[28] 林楠 . 周恩来与天安门广场整体建筑美 [J]. 湘潮（上半月），2014（11）：51-55.

[29] 彭红 . 北京紫禁城建筑艺术的文化象征意义 [J]. 衡阳师范学院学报（社会科学）2003（5）：110-113.

[30] 汪梦林，谭洁 . 礼制之邦中国古都城市规划研究 [J]. 山西建筑，2012（33）：21-22.

[31] 翟小菊 . 建筑瑰宝颐和园 [J]. 科技潮，1996（6）：51-53.